数学クラスタが集まって本気で大喜利してみた

数学を愛する会 会長
いっくん

構成協力
店主

問1
ケーキを三等分せよ

JN027945

KADOKAWA

　本書を手に取ってくださったみなさま、はじめまして！　ライターの店長と申します。『ある依頼』をいただいて、こちらにお邪魔しています。

　私はライターとして記事を執筆しながら、「大喜利」のイベント運営や講師などの仕事もしています。

　大喜利とは、出題された「お題」に対して、さまざまな面白い「解答」を考える、お笑いの演目のひとつです。

　そんな私に出版社から、先日こんな連絡が飛んできました。

◆ **数学が好きで好きでたまらないヤバい集団があるらしい**
◆ **その集団はぶっ飛んだ発想力で、数学の大喜利をするらしい**
◆ **いったいどんな世界なのか、調査してくれないか？**

　……とのことです。

　数学が大喜利になっている？　数学って方程式とか図形とか、学校で勉強したあの数学ですよね？　それが大喜利に……？

　どういうことなのでしょう。

　もしかして、何か怪しい集まりなのでは……？

　考えてもわからないので、直接聞いてみたいと思います。

いっくん

はじめまして！ 数学を愛する会 会長のいっくんと申します。よろしくお願いします！

店長

とある筋から……。いっくんさんが
「数学で大喜利をする怪しい会」を主催している、と聞きまして……。

いっくん

怪しいことはしてませんよ（笑）。僕の周りには、数学が好きでたまらない人たちがたくさんいます。僕は通称「数学クラスタ」と呼んでいます。そんな彼らに問題を出すと、数学を使った面白い解答が次々出てきて「大喜利状態」になるんですよ。

店長

え？ ちょっと待ってください。
数学なら、問題の答えは１つですよね？
それじゃ大喜利にならないじゃないですか！

いっくん

なるほど……。店長さんは、
「数学の問題には答えが1つしかない」と思っているんですね？

違うんですか？

店長

いっくん

わかりました、では例題を見てみましょう！「ケーキを切り分けたら大きさが全然違った」なんて経験、ありますよね。では、ケンカにならないように**ホールケーキをきれいに三等分するにはどうすればいいでしょう？**

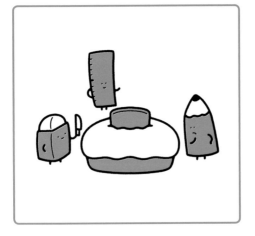

うーん、ホールケーキは一周が360°の円形ですよね。三等分したいなら、ふつうに、**360°÷3＝120°ずつカットすればいいんじゃないですか？**

店長

いつくん

ふむふむ、それもひとつの答えですね！
この問題が数学クラスタの手にかかると、

いつくん

こんな切り方や、

えっ!?
店長

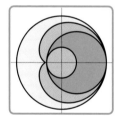

いつくん

こんな切り方が解答でたくさん寄せられて
くるんです！

こ、これって本当に三等分されてるんです
か……!?
店長

いっくん

もちろんです！　どの解答も、数学的な根拠がありますよ。

店長

なるほど、数学の知見があるからこその解答なんですね！
よくこんなの思いつくなぁ。きっとすごい発想力で……あっ！

いっくん

気付きましたか？　出された問題に対して、数学を用いてユニークな解答を考える……
まさに、**数学を使った大喜利**なんです！

店長

そういうことだったんですね！　解答を見て、よくわかりました。

いっくん

「無数に解答がある数学の面白さ」をわかってくださったなら、**他の解答、解法も見たくありませんか？**

店長

ぜひぜひ、たくさん教えてください！

というわけで始まった、今回の企画。

本書では「ケーキを三等分せよ」「地球の大きさを求めよ」など、「数学を愛する会」が実際に出した問題に寄せられた解答の中から、特に良かったものなどをご紹介していきます。本書のために会長・いっくんが書きおろした数学ネタも必見です。

構成協力した私（店長）も、解答を見ながら声を出して笑ったり、あまりにすごい解答に目を丸くしたり。
本当にすごいレベルの「大喜利」を楽しませていただきました。

この本を通じて、**無数の答えがある数学の面白さ**が少しでも伝わったなら幸いです。

それでは、いよいよ本編スタートです。

個性豊かな数学クラスタの世界へ、いってらっしゃい!

[目次]

［ 本書の構成 ］

本書は、Twitter上で実施した数学大喜利に寄せられた「答え」や、
会長のいっくんが書きおろした「数学ネタ」で構成されています。

読み進め方

①「お題」のページを見て、「答え」を考えてみてください。
  すぐに「答え」を見たいという方は、そのままページをめくっ
  ていただいても大丈夫です。見るだけでも楽しめます。

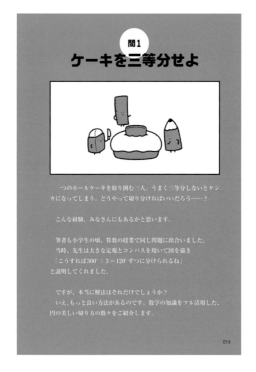

❷ 「答え」のページでは、「答え」（解法）と解説を記載しています。左上にLEVEL（難易度）を入れています。解法のタイトルの下には、ご投稿いただいた方のアカウント名や発見者名を載せています。「@有名問題」とあるのは、数学界隈で有名であったり、歴史があったり、定理となったりしている「答え」です（寄せられた「答え」の中でも、すでに知られているものはこのように表示しています）。「答え」に対する、会長の「講評」や「感想」も載せています。大喜利を実施したものは、いいね数・リツイート数などを入れています。

まあ、難しいことは考えずに、

"数学の魔界"を楽しんでください!

[「数学大喜利」への参加方法]

数学大喜利は、おもにTwitter上で開催しています。
数学選手権と呼んでいることもあります。

1 数学を愛する会のTwitterアカウントは **@mathlava** です。
https://twitter.com/mathlava

2 数学大喜利は、次の画像のように実施しています。
不定期で開催しているので、もしよろしければ **@mathlava**
をフォローしてもらえるとうれしいです。
Twitterのみならず、YouTubeやDiscordでも活動しています。
YouTubeで会長・いっくんの授業を受けたり、Discordで数学
クラスタと交流することができたりします！
ご興味のある方は、Twitterのプロフィールに記載している
URLからアクセスしてみてください。

数学を愛する会
@mathlava

···

円を3等分する方法選手権を開催します

午前9:09 · 2019年8月19日 · Twitter for iPhone

180 件のリツイート　**12** 件の引用ツイート　**480** 件のいいね

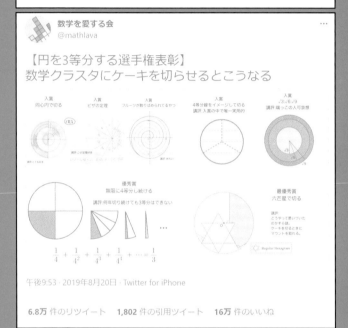

数学を愛する会
@mathlava

···

【円を3等分する選手権表彰】
数学クラスタにケーキを切らせるとこうなる

午後9:53 · 2019年8月20日 · Twitter for iPhone

6.8万 件のリツイート　**1,802** 件の引用ツイート　**16万** 件のいいね

大喜利以外の参加方法としては、Twitterで **@mathlava** をつけ
てご投稿いただければ、会長が見つけられるかもしれません。本書
についての、ご感想やご意見をお待ちしております!

---

*本書に記載されているのは、2021年6月時点の情報です。
　Twitterのアカウント名やURL、ハッシュタグ等は予告なく変更される場合があります。
*本書内に記載されている会社名、商品名、製品名などは一般に各社の登録商標です。
　®、™マークは明記していません。
*本書の出版にあたっては正確な記述に努めましたが、本書の内容に基づく運用結果について、
　著者および株式会社KADOKAWAは一切の責任を負いかねますのでご了承ください。

デザイン
角倉織音
（OCTAVE）

イラスト
STUDY 優作

図版
甲斐麻里恵

校正
宮本和直
有限会社四月社
株式会社鷗来堂

DTP
株式会社フォレスト

問1
ケーキを三等分せよ

　一つのホールケーキを取り囲む三人。うまく三等分しないとケンカになってしまう。どうやって切り分ければいいだろう……？

　こんな経験、みなさんにもあるかと思います。

　筆者も小学生の頃、算数の授業で同じ問題に出合いました。
　当時、先生は大きな定規とコンパスを用いて図を描き
　「こうすれば360°÷3＝120°ずつに分けられるね」
　と説明してくれました。

　ですが、本当に解法はそれだけでしょうか？
　いえ、もっと良い方法があるのです。数学の知識をフル活用した、円の美しい切り方の数々をご紹介します。

| 総いいね数 | 160,249 |
| 総リツイート数 | 68,572 |

LEVEL ★★

WAY 1

六芒星で切る

（@potetoichiro）

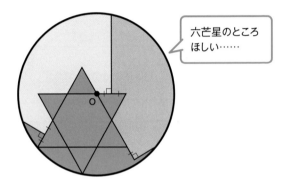

六芒星のところ
ほしい……

「第1回　円を三等分せよ」選手権の最優秀賞です。

この図を初めて見たとき、
理解ができませんでした。

ケーキだったら、六芒星の部分が取り合いになりそう……
うまく切れる自信がない……

なんてことを思いつつ、謎が知りたくなり、作者に説明をしてい
ただきました。

この解法を理解したときの快感は忘れられません。

切り方を見ていきましょう。

図のように、円を正三角形のタイルで小さく分割します。それをパズルのごとくうまく選ぶことで、円を三等分していたのです！

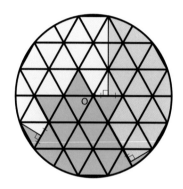

よく見ると三つの図形の中に、同じ形の図形が同じ数相当分あることがわかります。一見すると難しそうでしたが、正三角形の補助線が引けると、実はシンプルな原理だったことがわかりますね。

このような解法を目にしたとき、数学クラスタたちは揃って「エレガントだ……」と口にします。あなたがこの解法を見て「エレガントだ」と感じたなら、すでに立派な数学クラスタの入口に立っているといえるでしょう。

派生形

十二芒星で切る

(@potetoichiro)

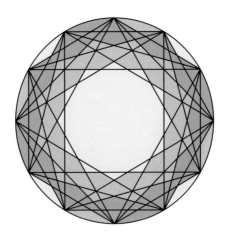

12個の頂点を持つ星型多角形、**十二芒星**を用いた切り方です。

この切り方を初めて見たとき、筆者は思わず「美しい……」と感嘆してしまいました。十二芒星は古代よりスピリチュアルなシンボルとして扱われ、見る者に吸い込まれるような美しさを感じさせたと言われています。

もしもこの切り方を美しいと思ったなら、あなたにも古代から続くスピリチュアルな感性が宿っているのかもしれません。

「ケーキの切りやすさ」を全てなげうってでも数学的な美しさにこだわる。この姿勢を見習いたいですね。

LEVEL ★

―――― WAY 2 ――――

移動させて切る

（@tanishi_0）

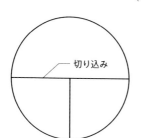

切り込み

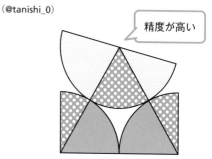

精度が高い

　まず、円に上のようなＴ字の切り込みを入れます。

　円を三つの扇形に分けたあと、それを図のように組み替え、今度は正三角形の切り込みを入れます。

　すると □…60＋60＝120°、□…60＋30＋30＝120°、□…180－60＝120°となって、三等分されています。もう一度組み替えて三等分されていることを確認しましょう。

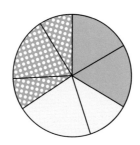

　目分量でも、非常に高い精度で切ることができます。

この方法でケーキを切るとモテモテになるでしょう！

直径の四等分線を意識する

(@asunokibou)

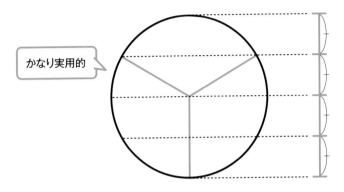

かなり実用的

不思議なことに人間の脳は、図形を半分にするのは得意ですが、三等分のイメージは咄嗟に浮かびにくいものです。

そのため三等分よりも、半分の半分、つまり四等分の方が考えやすいといえます。

この方法では、円の直径を四等分する線をイメージすることで、簡単に精度よく三等分ができています。

次の図をご覧ください。

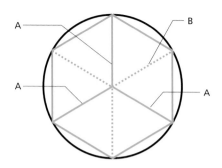

　図のように、円に内接する正六角形の補助線を引きましょう。すると、線Aの通りに切ると三等分になります。

　また、線Aと破線Bで描かれた三角形はすべて正三角形なので青線はすべて同じ長さになっています。

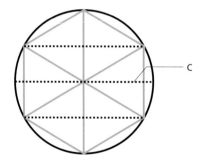

　ここで黒い破線Cで正三角形の頂点から対辺に垂線を下ろすと、底辺が二等分されます。これは、円の直径を四等分した点と一致しています。

　切り方に派手さはありませんが、プロセスが非常に面白い方法だといえるでしょう。
　実用性が高く、再現がしやすいのもポイントです。

WAY 4

カージオイドで切る

（@Yugemaku）

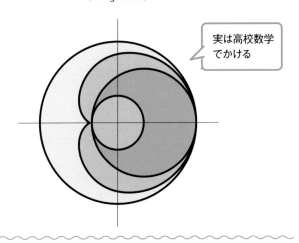

実は高校数学
でかける

こちらのハート形の曲線は**カージオイド**と呼ばれ、ギリシャ語で「**心臓の形**」を意味します。カージオイドは同じ大きさの円が二つあれば描くことができます。10円玉で作図してみてください！

円の周に沿って同じ大きさの円を滑らせずに転がすと、転がした円の円周上のある一点がカージオイドの軌跡を描きます。

[**簡単！カージオイドの描き方！**]

1

下の10円玉は
動かさない！

2

すべらないように少しだけ
転がして、点をつける！

3

くりかえし！

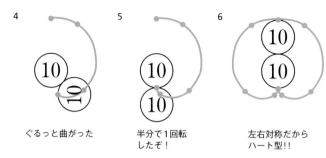

4 ぐるっと曲がった

5 半分で1回転したぞ！

6 左右対称だからハート型！！

※10円玉Aが、10円玉Bのまわりをすべらないように転がるとき、10円玉Bを一周する間に10円玉Aは2回転する

十円玉の直径をaとすると、カージオイドの面積は$\frac{3}{2}\pi a^2$です。十円玉の面積は$\frac{1}{4}\pi a^2$なので、面積比は$\frac{1}{4}:\frac{3}{2}=1:6$となります。

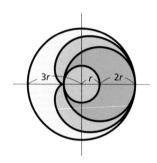

この切り方では円の半径が1：2：3の比になっています。面積比は相似比（長さの比）の二乗になるので、$1^2:2^2:3^2=1:4:9$です。そして一番小さい円とカージオイドの比は1：6でしたね！

このことからそれぞれの色の面積比は、

□：■：□ ＝ $(6-4+1):(4-1):(9-6)=3:3:3$

となり、三等分されていることがわかります。

WAY 5

同心円で切る

（@dannchu）

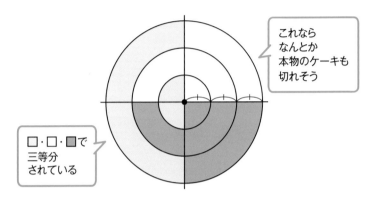

これなら
なんとか
本物のケーキも
切れそう

□・□・■で
三等分
されている

中心が同じ3つの円と十字によって切り分けられたピースをうまく選ぶことで三等分することに成功しています。

円の半径の比は1：2：3となっています。

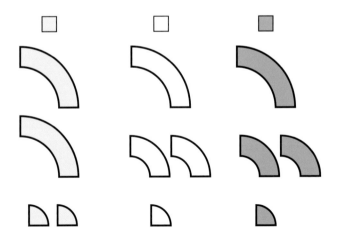

　よく見るとピースの種類は内側から小・中・大の3種類になっていることがわかります。

　集計すると、各ピースの個数は前のページの図のようになります。各色の面積が同じならば「大＋小＝中×2」が成り立っているはずですね。確認してみましょう。

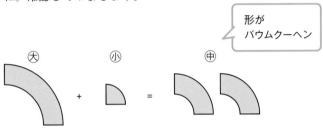

形が
バウムクーヘン

⼤　　　　　⼩　　　　　　⼀⼀

　3つの円の半径の比は1：2：3なので面積比はそれらを2乗した1：4：9になります。

　したがって、各ピースの面積の比は、
　　小：中：大 ＝ 1：(4−1)：(9−4) ＝ 1：3：5

ですから、

　　　(大 ＋ 小)：(中×2) ＝ (5＋1)：(3×2) ＝ 6：6 ＝ 1：1

　よって「大 ＋ 小 ＝ 中×2」が成り立つので、三等分されていることが示せました。

WAY 6

ピザの定理を使う

(@aburi_roll_cake)

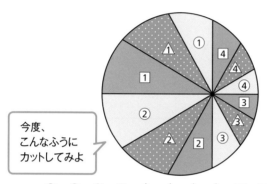

今度、
こんなふうに
カットしてみよ

①＋②＋③＋④＝⚠＋⚠＋⚠＋⚠＝1＋2＋3＋4

　まず、円の内部に適当な点を取ります。そして、その点を通るように30°ずつカットします。最後に、カットした円を三つごとに集めると……あら不思議！　きれいに三等分されているのです。

　この方法は**ピザの定理**という定理を応用したものです。

$$90° \div 2 = 45° \text{ずつカット} \quad \Rightarrow \text{二等分}$$
$$90° \div 3 = 30° \text{ずつカット} \quad \Rightarrow \text{三等分}$$
$$90° \div 5 = 18° \text{ずつカット} \quad \Rightarrow \text{五等分}$$

のように（90 ÷ 人数)°ずつカットすると、人数等分することができます。**任意の人数に対応できるので、非常に汎用性の高いカットの仕方と言えますね！**

LEVEL ★★★★　　　WAY 7

無限に四等分し続ける

（@IK27562928）

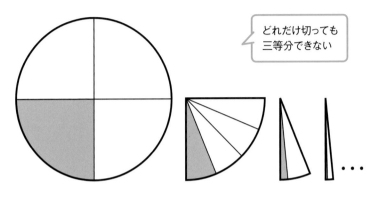

> どれだけ切っても
> 三等分できない

　ケーキを永遠に四等分していき、それを集めると三等分になるのではという案です。

　非常に面白い案ですが、これには一つ大きな弱点があります。

　四等分し続けることで三等分に限りなく近付いてはいきますが、完全な三等分には永遠に辿り着けないのです。

　とはいえ、実際のケーキでこれを試してみると、ナイフにケーキやクリームが付着して誤差が生まれるため、三回目ぐらいの四等分で「ほぼ三等分」になります。ケーキの奪い合いにならない程度の精度が得られるので、ぜひお試しください。

　ところで、なぜ「無限に四等分」すると三等分になるのでしょう？

ケーキの大きさを1とすると、1回目の四等分では大きさが$\frac{1}{4}$の

ピースができます。2回目は、四等分したピースをさらに四等分す

るので、大きさが$\frac{1}{4} \times \frac{1}{4} = \frac{1}{4^2}$のピースができます。同様に、3回

目のピースの大きさは$\frac{1}{4^3}$、4回目は大きさ$\frac{1}{4^4}$、n回目では大きさ

$\frac{1}{4^n}$のピースができます。このnを限りなく大きくしていき、全て

足し合わせるとなんと$\frac{1}{3}$に限りなく近づいていくのです。

　これを数式で表すと次のようになります。

$$\frac{1}{4} + \frac{1}{4^2} + \frac{1}{4^3} + \frac{1}{4^4} + \frac{1}{4^5} + \frac{1}{4^6} + \cdots = \frac{1}{3}$$

　このように、4分の1の累乗（n乗のこと）を足し合わせる式の

ことを、**初項$\frac{1}{4}$、公比$\frac{1}{4}$の無限等比級数**といいます。

　この式が成り立っていることを、視覚的に確認してみましょう。

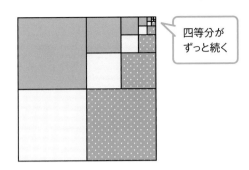

四等分が
ずっと続く

　正方形を四等分して、小さな正方形をまた四等分して……という
のを繰り返しています。

**　色付きの部分の合計が、全体の3分の1になっていることが直感**
的にもおわかりいただけるかと思います。

　ちなみに正三角形でも、同様の説明をすることができます。

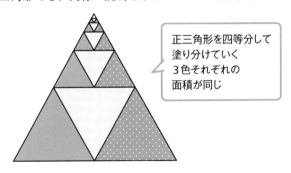

正三角形を四等分して
塗り分けていく
3色それぞれの
面積が同じ

　正三角形を四等分し続けていき、3色に塗り分けています。各色
の面積は同じなので、三等分されていることがわかりますね。

　このように図や短い数式で証明することを**proof without**
words（**言葉なしでの証明**）と呼ぶことがあります。proof without
wordsはエレガントな証明が多く、数学好きにはたまらない証明
です。

"円"の三等分

（@KaDi_nazo）

これも立派な
円の三等分

ケーキではありませんが、**"円"を三等分する方法**なので紹介します。このように、円という漢字が三つのＴ字に分けられています。

実は、Ｔ字に分解可能な漢字は"円"だけではありません。

田：四等分   里：六等分   埋：八等分

パッと思いつくだけでも、これぐらいあります。しんにょうなどのグネグネした部首や、れっかのような飛び飛びの部首が無いことがポイントです。

他にもＴ字に分けられる漢字はたくさんあるので、興味のある方は探してみてください。

もし、"円"の形のケーキが出てきたら、ヒーローになれること間違いなし！

時計の文字盤を
デザインせよ

みなさんが普段目にしているアナログ時計には、1から12までの数字が描かれていると思います。

しかし1から12を表す式は、この世の中に星の数ほどあふれています。

せっかくですから数学クラスタらしく、ただの数字ではなくもっと凝ったデザインを目指しましょう。

総いいね数	38,984
総リツイート数	13,201

LEVEL ★

WAY **1**

等式で繋ぐ文字

（@potetoichiro）

まるで
ウロボロス

数が少しでもずれると狂う。
簡単にみえるけどすさまじい技術です。

1と4をつなぐ数は6.5−5＋2.5で、逆から読むと数が変わります。

$$2.5 + 5 - 6.5 = 1 \qquad 6.5 - 5 + 2.5 = 4$$

それがさらに次の数の式に使われています。

$$4.5 + 1 - 2.5 = 3 \qquad 2.5 - 1 + 4.5 = 6$$

理解するのは簡単でも思いつくのは困難を極めるデザインです。

LEVEL ★★★★

WAY **2**

6321works

（@StandeeCock）

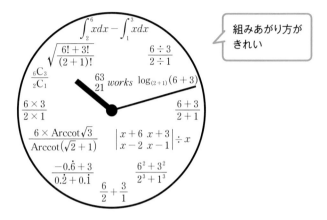

> 組みあがり方が
> きれい

1から12までの数字が6、3、2、1の数字を使って表されています。

できるだけ $\begin{smallmatrix} 6 & 3 \\ 2 & 1 \end{smallmatrix}$ のバランスになるように式も調整されています。

なぜ6、3、2、1を選んだのかは、本当にわかりません。

しかし、$\tan x$ の逆数の逆関数である $\mathrm{Arccot}\,x$ や行列式や積分などが用いられているところをみると…作者がただものではないことが作品からひしひしと伝わってきますね。

お家に飾って文系のお友達にぎゃふんといわせましょう。

~~~ WAY **3** ~~~

modを使う

（@arith_rose）

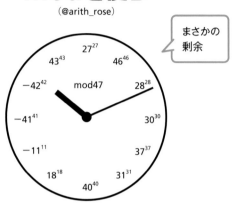

まさかの
剰余

$a \bmod b$ とは a を b で割った余りという意味です。

m^m をある数で割った余りが $\bmod n$ で1～12の整数を表すような
整数の組を探すのは地道な計算が必要で……

困難を極めます。

どうやら作者はとんでもない気骨の持ち主のようですね…

眺めるだけでも楽しいですが、少し計算してみましょう。

1時についてはフェルマーの小定理を使うと、すぐに計算できます。

[**フェルマーの小定理**]

pを素数、aをpの倍数でない整数とすると、

$$a^{p-1} \equiv 1 \pmod{p}$$

が成り立つ。

フェルマーの小定理より

$$46^{46} \equiv 46^{47-1} \equiv 1 \pmod{47}$$

1時よりあとの計算は難しいので、計算に自信のある方は、腕試しに挑戦してみてください。

コンピュータを使って調べるのもよいでしょう。

ローマ数字のグラフをつくる

(@con_malinconia)

完成度
ヤバい

k の値によって異なるローマ数字の形のグラフになる関数。

1つの関数で時計の文字盤を表現しています。

どうやって思いついたのか謎。

相当の頭の良さと、頭の悪さ（ほめてる）がなければなしえない
天才の遊びといえるでしょう。

式がむずすぎて理解不能です…。

$$\left(\left\lfloor \frac{11}{k^2-12k+42}\right\rfloor(4x+y)+8k-28\right)\left(\left\lfloor \frac{11}{k^2-12k+42}\right\rfloor(4x-y)+8k-52\right)$$

$$\left(\left\lfloor \frac{11}{k^2-22k+127}\right\rfloor(2x+y)+4k-40\right)\left(\left\lfloor \frac{11}{k^2-22k+127}\right\rfloor(2x-y)+4k-40\right)$$

$$\left(\sin\left(\frac{\pi}{4}\left(x+2\left\lfloor\frac{k-4}{5}\right\rfloor-2k\right)\right)+\left\lfloor 1-\frac{k}{5}+\left\lfloor\frac{k}{5}\right\rfloor\right\rfloor+\left(\left\lfloor e^{k-4}\right\rfloor+\left\lfloor\frac{-x^2+10k-8}{23}\right\rfloor^2\right)\right)$$

$$\left(\left\lfloor e^{-k+3}\right\rfloor+\left\lfloor\frac{1}{86400}\left(-\frac{5}{3}\left(k-5\left\lfloor\frac{k}{5}\right\rfloor-2\right)^3-\frac{1}{3}\left(k-5\left\lfloor\frac{k}{5}\right\rfloor-2\right)-x+5\right)\right.$$

$$\left.\left(x-\frac{1}{2}\left(k-5\left\lfloor\frac{k+1}{5}\right\rfloor-2\right)^3-\frac{3}{2}\left(k-5\left\lfloor\frac{k+1}{5}\right\rfloor-2\right)-11\right)^2\right)\right)=0\,(|y|\leqq12)$$

地球の直径を求めよ

　古くは「地球は平面である」と考えられており、コロンブスが大西洋を横断したときも、多くの人は「大西洋の端は奈落になっている」と信じていました。

　現在ではそのような奈落はなく、地球は球体であることが周知の事実となっています。地平線を見ることで、地球がまるいことを確認できますね。

　では、みなさんは地球の直径をご存知でしょうか？　自分が住んでいる星なんですから、知っておくに越したことはありませんよね。

　しかし、自分より遥かに大きな地球の大きさを定規で測るわけにもいきません。そこで数学の出番です。数学の力を使って地球の直径を求めてみましょう！　※ただし地球は完全な球体とします。

総いいね数　27,973
総リツイート数　7,607

LEVEL ★

WAY 1

ビーカーを使う

（@Natootoki）

地球より大きいビーカーを用意します。

そこに水を満タンに入れたあと、地球を入れます。あふれ出した水の体積を測り、$V = \dfrac{4}{3}\pi r^3$ を用いて直径 $2r$ を求めます。

とてつもないスケールの解答ですね。

こんなことをしたら世界中の都市が沈んで、一発で人類滅亡です。

あと、地球より大きいビーカーはどこから準備したのでしょうか。仮にビーカーなどの装置と一様な重力場を用意しても、万有引力の影響で正確に測れない可能性がありそうです。

この方法、地球よりもっと小さなものだと上手くいきます！

お風呂にお湯を満タンに入れて、湯船に頭まで浸かりましょう。

　人間のように複雑なものを水に置き換えることで、体積を測りやすくなるのがポイントです。

　あふれ出た水の体積 ＝ あなたの体積ということになります。

　余談ですが、かの有名なアルキメデスはお風呂に入ったとき、水があふれるのを見て浮力の存在を発見しました。彼は浮力を発見したとき、「わかった！わかったぞ！」と叫びながら服を着ることも忘れて外へ飛び出したそうです。

　知り合いの数学者に聞いた話ですが、お風呂場やトイレ、布団の中などは脳がリラックスできる場所であるため、アイデアをひらめきやすい場所でもあるそうです。デカルトは朝の布団の中で格子状の天井に止まるハエを見て座標の考え方を思いつき、トーマス・ローエンは2017年にお風呂で歯磨きをしているときに未解決問題を解決してしまいました。

　思い悩んだときはひたすらに机に向かうのではなく、お風呂に入ったりすると解決の糸口が見えるかもしれません。

WAY 2

衝撃波から計算する

(@pythagoratos)

　ものすごく大きな爆発を起こしてその衝撃波が地球を一周する時間を計測します。衝撃波が伝わる速さと測った時間から地球1周の長さを計算します。πで割って直径を得ます。

人類が滅んでしまいます。

　さて、この方法の数学的なポイントは、地球を周っているうちに、衝撃波の速さが減衰していく点です。

　もし一定の法則で減衰しているとすれば、何度か計測することで、減衰まで含めた衝撃波の速さを式にできる可能性があります。

　かつて人類が引き起こした、人類史上最大の爆発は、1961年にソ連によって行われた水爆実験 "ツァーリ・ボンバ" です。その衝撃波は、なんと地球を3周したと言われています。

しかし、くれぐれも実行はしないようにしましょう。

　数学は争いではなく、平和と人々を楽しませるために使いたいですね。

LEVEL ★★

WAY **3**

灯台の上から求める

(@rusa611)

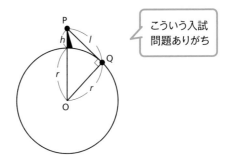

こういう入試
問題ありがち

　高さhの灯台があったとします。そして灯台の頂点Pから見える、一番遠い場所をQ、PQの長さをlとします。高さhは実際に測ることができ、PQの長さは、灯台の下からQまでの弧の長さに近似できるので、灯台の下から一定の速で進む船を出発させてから消えるまでの時間を測れば距離を求めることができます。直線PQは円の接線となるので、PQはQOと垂直になります。

　したがって三角形OPQは直角三角形となるので、三平方の定理より

$$(h + r)^2 = l^2 + r^2$$

が成り立ちます。この式にhとlの実測値を代入し、コンピュータで計算することで地球の直径$2r$を求めることができます。

　逆に、昔の人々は、地上では見えなかった船が灯台に登ると見えるという事実から、地球は丸いのではないかと考えたそうです。

WAY 4

トンネルを掘る

(@828sui)

大江戸線より
深い…

　ある地点から、水平面からある適当な角度でななめ下向きに、真っすぐトンネルを掘ります。その出口から入口までの長さをlとし、トンネルの傾きθを測定しておきます。

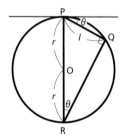

　そして上の図のように補助線を引くと、接弦定理より$\angle \mathrm{PRQ} = \theta$で円周角の定理より$\angle \mathrm{PQR} = \dfrac{\pi}{2}$なので$2r = \dfrac{l}{\sin \theta}$が成り立ちます。測っておいた$\theta$と$l$を代入し、地球の直径$2r$が求まります。

　ちなみに、世界で最も深い人工の穴はロシア北西部のコラ半島にあり、その深さは約12kmだそうです。

LEVEL ★★★

WAY **5**

平行線の錯角を使う

（@biophysilogy）

今から2200年以上前のギリシャ人数学者である**エラトステネス**は世界で初めて地球の直径を測定した人物と言われています。

彼が利用したのは、夏至の日の太陽の角度です。

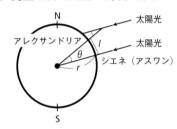

エラトステネスは夏至の日の正午に、太陽の光が深い井戸の底まで届くことを知っていました。つまり夏至の正午では、太陽はシエネの真上にあったことになります。そして同じ時間、シエネから925km真北にあると考えられていたアレクサンドリアで垂直に棒を立て、その影から太陽の角度に7.2°差があることを発見しました。

上の図を見ると、lが925km、θが7.2°ということですね。円は一周で360°なので、そこから地球の円周を計算したのです。そして円周が分かれば、直径も求めることができますね。

エラトステネスが（当時の技術からすれば）高い精度の結果を得たことにも驚きですが、さらに驚くべきは紀元前にも関わらず地球が丸いことを知っていたことです。地球が丸いことを明らかにしたマゼランの世界周航は、エラトステネスが地球の円周を計算してからなんと1800年も後です。

エラトステネス、タイムトラベラー説。

~~~~~~~~~~~~~~~~~ WAY **6** ~~~~~~~~~~~~~~~~~

モデルで推定する

(@Arrow_Dropout)

　地球とよく似た架空の星を作り、それについて考察することで地球の直径を求めるという方法です。物理学でよく用いられる手法で「モデルを立てる」といいます。今回紹介するモデルは大胆でありながら、誤差3％未満という驚異の精度を叩き出しています。

［ モデル ］

　地球の密度が表面から中心に向かってだんだん大きくなっているというモデルを考えます。

　半径Rの（架空の）地球の中心の密度をρ_0　表面の密度を0と仮定し、中心に向かってだんだん大きくなるとします。

　ただしρ_0は最も重い金属であるオスミウムの密度$22.59\,[\mathrm{g/cm^3}]$とします。

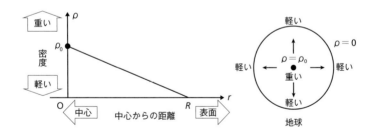

　地球の中心からrの場所の密度をρとして、グラフにすると図のようになり、それぞれの文字の関係は$\rho = -\dfrac{\rho_0}{R}r + \rho_0$となります。

　さて、地球のある深さでの密度は定義できているので、地球の重さMも求めることができそうですね。

　積分を使って、「ある深さでの密度」から「地球全体の重さ」を計算します。

$$M = \int_0^R 4\pi r^2 \cdot \rho \, dr$$
$$= \int_0^R 4\pi r^2 \cdot \left(-\frac{\rho_0}{R}r + \rho_0\right) dr$$
$$= \frac{\rho_0}{3}\pi R^3$$

　これで、地球の重さMと半径Rとの関係式がわかりましたね。未知数はMとRの2つなので、あと1つ重さMと半径Rの関係式があれば連立することで方程式が解けるはずです。

　ここで、**ニュートン**と**ガウス**の力を借りましょう。万有引力の法則とガウスの法則より、$M = \dfrac{g}{G}R^2$ が成り立つことが知られています。gは重力加速度、Gは万有引力定数で、$g = 9.81 \, [\mathrm{m/s^2}]$, $G = 6.67 \times 10^{-11} \, [\mathrm{m^3/kg \cdot s^2}]$ です。

　これでMとRの関係式が二つ出揃いました！

あとは二つの式をまとめ、Rについてわかっている値を代入すると

$$(M=)\frac{\rho_0}{3}\pi R^3 = \frac{g}{G}R^2 \text{より、}$$

$$R = \frac{3g}{\pi\rho_0 G}$$

$$= \frac{3 \times 9.81 \times 10^{11}}{3.14 \times 22.6 \times 10^3 \times 6.67}\,[\mathrm{m}] = 6220\,[\mathrm{km}]$$

よって地球の直径は$6220 \times 2 = 12440\,[\mathrm{km}]$

このように、数学と物理を駆使することで机の上だけで地球の直径が求められました！

現在知られている地球の直径は$12742\,[\mathrm{km}]$なので、誤差はなんとたったの2.4％です。

大胆ながらも精度の高い、非常に面白いモデルです。

問4
規則性に反するものを
見つけよ

　「この世界にはある一定の規則があり、世界はそれに従って動いている」この世の科学者の大部分は、そう信じています。重力を発見したかのニュートンも、地球上の物体はみな地面に向かって落ちる、というパターン（規則性）に着目しました。現代でも数学や物理を学ぶ上で、パターンを見つけるのはとても大切なことです。数学とはパターンを見つける学問、と言っても差し支えないかもしれません。しかし一方で規則性がない、よくわからないものも古くから人々を魅了し、研究の対象とされてきました。たとえば素数の分布もその一つで、いまだに世界中の数学者を魅了し続けています。

　ある規則に従っていないもののことを、その規則の反例といいます。この章では、反例の存在する規則をご紹介します。

ニアレプディジット素数

(@有名問題)

次の数を1つずつ見ていってください。

31	←素数
331	←素数
3331	←素数
33331	←素数
333331	←素数
3333331	←素数
33333331	←素数
333333331	←素数じゃない

「ずっと素数が続きそう」という予想を見事に裏切ってきましたね。

さらに続きを見ていきましょう。

3333333331	←素数じゃない
33333333331	←素数じゃない
333333333331	←素数じゃない
3333333333331	←素数じゃない
33333333333331	←素数じゃない
333333333333331	←素数じゃない
3333333333333331	←素数じゃない
33333333333333331	←素数じゃない
333333333333333331	←素数

　今度は逆に、しばらく合成数（1とその数以外にも約数がある、素数ではない数）が連続して登場し、かと思ったらまた素数が登場します。そして次に素数になるのは、40桁の

3333333333333333333333333333333333333331

と、だいぶ先になります。

　この数はnear-repeated-digit-prime number（ほとんど数字が繰り返しの素数）と呼ばれる数の仲間です。略して**ニアレプディジット素数**と呼ばれています。

　実はニアレプディジット素数にはわかっていないことが多く、333…3331型などのニアレプディジット素数がいつ現れるかは2021年現在でも未解決です。

　その謎は多くの数学者を魅了しており、コンピュータを使ってできるだけ大きなニアレプディジット素数を見つける競争が行われています。ニアレプディジット素数が何の役に立つかはさておき……
多くの人が新しい数を探していることにはロマンを感じますね。

レピュニット素数

(@有名問題)

111	←素数じゃない
1111	←素数じゃない
11111	←素数じゃない
111111	←素数じゃない
1111111	←素数じゃない
11111111	←素数じゃない
111111111	←素数じゃない
1111111111	←素数じゃない
11111111111	←素数じゃない
111111111111	←素数じゃない
1111111111111	←素数じゃない
11111111111111	←素数じゃない
111111111111111	←素数じゃない
1111111111111111	←素数じゃない
11111111111111111	←素数じゃない
111111111111111111	←素数じゃない
1111111111111111111	←素数

> 次のゾロ目の数を
> ひとつひとつ
> 見ていくと……

> 1が19個

ずっと合成数かな……？と見せかけて、急に素数が出てきます。

　ちなみに次は23桁の 11111111111111111111111 が素数になります。このように全ての桁が同じ数字のゾロ目数はrepeated-unit-number、略して**レピュニット数**と呼ばれています。とくに素数

かつレピュニット数である数をレピュニット素数と呼びます。そのような数が無限に存在するかどうかはまだわかっていませんが、逆に合成数であるレピュニット数は無限に存在することが証明されています。また、次のような面白い定理もあります。

〔 **定理** 〕

2、5の倍数ではない好きな数nを何倍かすると1が連続するレピュニット数を作れる。

たとえば13なら8547倍すると、$13 \times 8547 = 111111$

たとえば41なら271倍すると、$41 \times 271 = 11111$

〔 **証明** 〕

$n+1$個の数1, 11, 111, 1111, 11111, …, 111...111（1が$n+1$個）を考える。この$n+1$個の中にはnで割った余りが同じ数字が少なくとも1組存在する（鳩ノ巣原理 [＊**1**]）。

それらを大きいほうからa, bとおくと、$a-b = 111...11100...000$ $= 111...111 \times 100...000$となる。

nは$a-b$を割り切るが、nが2もしくは5の倍数でないならnは100...000を割り切らないので、nは111...111を割り切る。

つまり、nを何倍かすることで111...111になる。

[＊**1**] 鳩ノ巣原理とは？

「$n+1$羽の鳩がn個の巣箱へと入るとき、少なくとも1つの巣箱には2羽以上の鳩が入っている」という原理。たとえば、5階建てのデパートのエレベーターに6人乗っていれば、少なくとも2人以上がおりる階が必ずありますよね。それと同じです。

当たり前のようで、数学のさまざまな分野で役立つ原理です。

WAY 3

最大公約数

(@有名問題)

$n^{17} + 9$ と $(n+1)^{17} + 9$ の最大公約数は？

最大公約数とは、2つ以上の数に共通している約数（公約数）のうち最も大きいもののことです。では、$n^{17} + 9$ …①と $(n+1)^{17} + 9$ …②の最大公約数はいくつになるでしょうか？

まず $n = 1$ を代入すると、

①　$1^{17} + 9 = 1 + 9 = 10$

②　$(1 + 1)^{17} + 9 = 131072 + 9 = 131081$

となり、10と131081の最大公約数は1です。

次に $n = 2$ を代入すると、①が131081、②が129140172となり、この最大公約数も1です。

これを $n = 3, 4, 5\cdots$ と続けていっても、最大公約数は1のまま。**どこまでいっても、ずっと最大公約数は1に違いない！**と思いきや、

$n = 8424432925592889329288197322308900672459420460792433$
で、

急に最大公約数が1ではなくなるのです。

これはコンピュータの演算でわかった結果ですが…それまでに8424432925592889329288197322308900672459420460792432回も同じ流れが続いていたことを考えると、**規則性が裏切られた時のインパクトはすさまじいものがありますね。**

LEVEL ★★★★★ ——— WAY **4** ———

$x^n - 1$ の因数分解

(@有名問題)

$$x^2 - 1 = (x - 1)(x + 1)$$

$$x^3 - 1 = (x - 1)(x^2 + x + 1)$$

> 係数は±1と0
> しか登場しない！

$$x^4 - 1 = (x - 1)(x + 1)(x^2 + 1)$$

$$x^5 - 1 = (x - 1)(x^4 + x^3 + x^2 + x + 1)$$

$$x^6 - 1 = (x - 1)(x + 1)(x^2 + x + 1)(x^2 - x + 1)$$

$$x^7 - 1 = (x - 1)(x^6 + x^5 + x^4 + x^3 + x^2 + x + 1)$$

…

　このように $x^n - 1$ を因数分解すると、その係数は1と−1と0し
か現れないように思えます。

しかし、その法則性は $n = 105$ で突如崩れます。

$x^{105} - 1 =$
$(x - 1)(x^2 + x + 1)(x^4 + x^3 + x^2 + x + 1)(x^6 + x^5 + x^4 +$
$x^3 + x^2 + x + 1)(x^8 - x^7 + x^5 - x^4 + x^3 - x + 1)(x^{12} - x^{11} +$
$x^9 - x^8 + x^6 - x^4 + x^3 - x + 1)(x^{24} - x^{23} + x^{19} - x^{18} + x^{17} -$
$x^{16} + x^{14} - x^{13} + x^{12} - x^{11} + x^{10} - x^8 + x^7 - x^6 + x^5 - x + 1)$
$(x^{48} + x^{47} + x^{46} - x^{43} - x^{42} - \underline{2x^{41}} - x^{40} - x^{39} + x^{36} + x^{35} +$
$x^{34} + x^{33} + x^{32} + x^{31} - x^{28} - x^{26} - x^{24} - x^{22} - x^{20} + x^{17} + x^{16} +$
$x^{15} + x^{14} + x^{13} + x^{12} - x^9 - x^8 - \underline{2x^7} - x^6 - x^5 + x^2 + x + 1)$

なぜ$n = 105$になって突如係数に-2が現れたのでしょうか。それを調べるには**円分多項式**と呼ばれる多項式について考察する必要があります。

　ここでは詳しく解説することはしませんが、nが異なる2つの奇素数p、qを用いて$n = 2^a \cdot p^b \cdot q^c$のように素因数分解されるとき、$x^n - 1$を因数分解したときの係数は1, 0, -1しか登場しないということが知られています。そして105は相異なる3つの奇素数の積で表される最小の整数なのです。

$$105 = 3 \times 5 \times 7$$

　$n = 105$で-2という係数が登場することはわかりましたが、ほかにはどのような数が係数として登場するのでしょうか？

　この疑問を解消する定理があります。日本人が証明した**鈴木の定理**です。驚くべきことに鈴木の定理は「すべての整数mに対して$x^n - 1$を因数分解した際の係数にmが登場するようなnが存在する。」ということを保証しているのです。

あなたの年齢が係数に現れるようなnを探してみるのもいいかもしれませんね。

ハートのグラフを描け

まずは、こちらの方程式をご覧ください。

$$x^2 + \left(y - \sqrt[3]{x^2}\right)^2 = 1$$

この方程式は海外で「*The love formula*」と呼ばれており、日本語では「愛の方程式」と呼ばれています。

その理由は、グラフを見れば一目瞭然です。

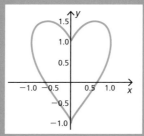

なんと、このようにハート型の曲線になるのです。ロマンチックなグラフですね。

この章では数学クラスタにオリジナルの愛の方程式を作っていただき、グラフで愛のカタチを表現してもらいました。

総いいね数 68,760
総リツイート数 20,438

LEVEL ★★★

〰〰〰〰 WAY 1 〰〰〰〰

シンプルハート

(@有名問題)

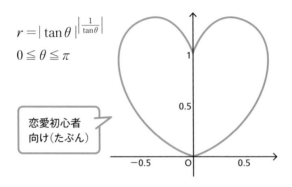

$$r = \left| \tan\theta \right|^{\left| \frac{1}{\tan\theta} \right|}$$

$$0 \leqq \theta \leqq \pi$$

恋愛初心者
向け(たぶん)

こちらのハートは三角関数 (tan)、指数関数、絶対値のみを用いて作られた、非常にシンプルなグラフです。

多項式や三角関数、指数関数、分数関数などを組み合わせてできるものは**初等関数**と呼ばれ、ほとんどが高校数学でも習う内容です。数学が得意な受験生のみなさんは、ぜひこのグラフを描くのにチャレンジしてみてください。

また、この関数は先ほどのドキドキするハートと同様、**極座標**という方法で表されています。ざっくりですが、極座標についてお勉強しておきましょう。

[**極座標ってなんだ?**]

極座標とは平面上の点を表す方法のひとつで、原点からの距離 r と方向 θ の2つの情報で点を表します。

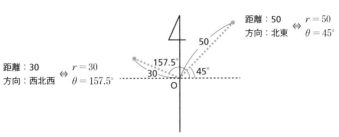

ここで、r を θ の関数にすることでグラフを表すことができます!

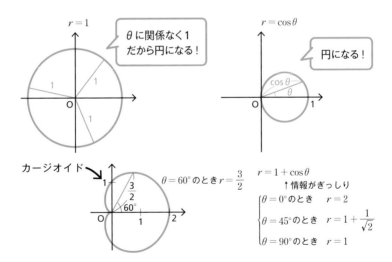

極座標で表された関数を、直交座標(私たちが普段目にする、x と y で表された座標)に直すには次の関係式を使います。

$$x = r\cos\theta, \; y = r\sin\theta$$

WAY 2

無限ハート

(@sou08437056)

永遠の愛を感じる

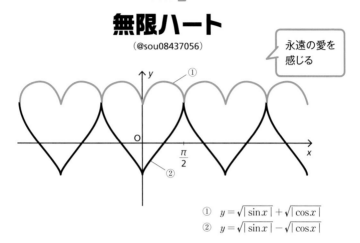

① $y = \sqrt{|\sin x|} + \sqrt{|\cos x|}$

② $y = \sqrt{|\sin x|} - \sqrt{|\cos x|}$

このグラフは2つの式から構成されており、

上半分は① $y = \sqrt{|\sin x|} + \sqrt{|\cos x|}$

下半分は② $y = \sqrt{|\sin x|} - \sqrt{|\cos x|}$

で表されています。

sinとcosが周期関数(一定の周期ごとに値が繰り返される関数)であることを利用して、ハート(愛)が無限に続く様子が上手く表現されています。

また、2つの式がきれいな対になっている点もポイントです。数学的な美しさにもこだわっている辺り、流石数学クラスタですね!

余談ですが、2012年の信州大学の入試問題で、似たグラフ作成問題が出題されています。

$-\sqrt{5} \leqq x \leqq \sqrt{5}$ で定義される2つの関数

$$f(x) = \sqrt{|x|} + \sqrt{5 - x^2}$$
$$g(x) = \sqrt{|x|} - \sqrt{5 - x^2}$$

に対し、次の問いに答えよ。

(1) 関数 $f(x)$ と $g(x)$ の増減を調べ、$y = f(x)$ と $y = g(x)$ のグラフの概形をかけ。

(2) 2つの曲線 $y = f(x)$、$y = g(x)$ で囲まれた図形の面積を求めよ。

[2012年　信州大学　前期]

この問題は信州大学の遊び心が感じられるだけでなく、微分・積分の計算力や対称性への理解が問われる**良問**として（数学界隈では）広く知られています。

受験生の読者はぜひチャレンジしてみてください。

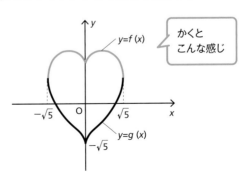

WAY 3

真っ赤なハート

(@logyytanFFFg)

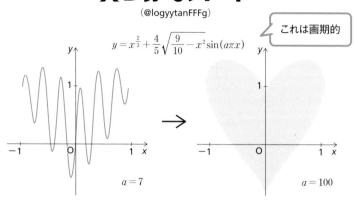

これは画期的

$$y = x^{\frac{2}{3}} + \frac{4}{5}\sqrt{\frac{9}{10} - x^2}\sin(a\pi x)$$

$a = 7$

$a = 100$

　普通、図形を塗りつぶす時には不等式を用いるのが一般的ですが、この方法では三角関数を用いることで、不等式を用いずにハートの内部を塗りつぶすことに成功しています。

なんというエレガントさでしょう。

　aの値を大きくすればするほど波の周期が短くなり、ハートが塗りつぶされていく様子を確認することができます。

　では、このグラフがどのように作られたのか、簡単に見ていきましょう。

　まず、楕円の上半分を表す方程式①$y = \frac{4}{5}\sqrt{\frac{9}{10} - x^2}$を用意して、それに$\sin(a\pi x)$をかけることによって楕円の内部を塗りつぶします。

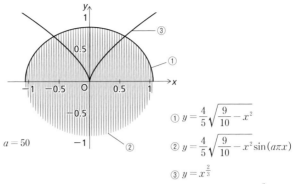

$a = 50$

① $y = \dfrac{4}{5}\sqrt{\dfrac{9}{10} - x^2}$

② $y = \dfrac{4}{5}\sqrt{\dfrac{9}{10} - x^2}\sin(a\pi x)$

③ $y = x^{\frac{2}{3}}$

それにハートの中心を通るようないい感じの方程式 $y = x^{\frac{2}{3}}$ を加えることで、$y = x^{\frac{2}{3}}$ の周りに波が巻き付くように楕円が変形され、ハート型になります。

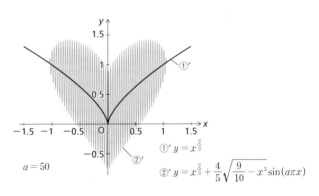

$a = 50$

①′ $y = x^{\frac{2}{3}}$

②′ $y = x^{\frac{2}{3}} + \dfrac{4}{5}\sqrt{\dfrac{9}{10} - x^2}\sin(a\pi x)$

この考え方を用いれば、さまざまなグラフを塗りつぶすことができます。

非常に画期的なアイデアだといえますね。

WAY 4

HEARTのハート

(@con_malinconia)

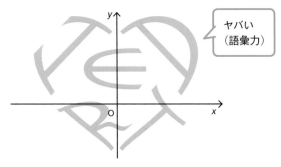

ヤバい
（語彙力）

$$\min\Bigg(\max\bigg(\Big(-7(|x|+y)^3+5(|x|+y)^2+0.8(|x|+y)-0.7\Big)(x-y+1.17),\ \min\Big(\big(2x^2+\big(2y-\sqrt{|x|}\big)^2-1\big)^2-0.01,$$
$$|11|x|+13y-10.7|+|13|x|+11y-10.6|-0.92\big)\Big),\ \max\Big(x+2(y-0.3)^2-0.27,\ \min\big(\big((x-0.3)^4+4(y-0.3)^2-0.1\big)^2-0.0007,$$
$$|x+16y-4.9|+|x-16y+4.7|-0.7\big)\Big),\ \max\Big(\big(x-2(y-0.2)^2-0.33\big)^2-0.001,\ |x-0.5|+|y|-0.3\big),$$
$$\max\Big(|25x+2|-31y-2\,\mathrm{floor}(8y)-15,\ \min\big(\big((x+0.4)^2-(x+0.4)(2y+0.3)+(2y+0.3)^2-0.065\big)^2-0.00025,\ \big(\sin(24x-3)-50y-10)^2-1\big)\Big)\Bigg)\leqq 0$$

初めてこの解答を目にしたとき、体に衝撃が走りました。

HEARTの文字でハートを描く発想力、それを式で表現する数学力。

並の数学クラスタの仕事ではありません。

HEARTの文字をグラフにするだけならもう少しシンプルな式に出来ると思います。

そこを敢えて難しくしてでも、グラフの完成度を上げている作者の心づかいにはもはや脱帽です！

LEVEL ★★★★★ 〜〜〜〜〜 WAY **5** 〜〜〜〜〜

ドキドキハート

（@CHARTMANq）

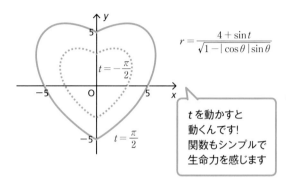

$$r = \frac{4 + \sin t}{\sqrt{1 - |\cos\theta||\sin\theta|}}$$

tを動かすと
動くんです！
関数もシンプルで
生命力を感じます

　なんとこの関数は、tの値を変化させることで**ハートがドキドキ
と拍動します！**　紙面では動いている様子を見せられず、非常に残
念です……。すみませんが、みなさんの想像力で補ってください。

　では早速、このドキドキハートがどのように作られたのか見てい
きましょう！　4つのStepで作ります。

[**Step1 楕円を用意する**]

[**Step2 ハート型に調整する**]

[**Step3 極座標に変換する**]

[**Step4 ドキドキさせる**]

ひとつずつ、順を追って解説します。

[Step1 楕円を用意する]

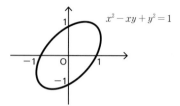

まず、このような楕円を用意します。

[Step2 ハート型に調整する]

上の楕円をハート型にするにはどうすればいいでしょうか。

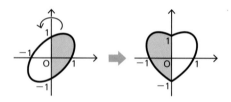

　図をよく見てみると、$x > 0$ の部分を $x < 0$ の部分に折り返すとハート型になりそうです。つまり、x に絶対値を付ければ右半分の曲線が左側に折り返されてハート型になりそうですね。

　x に絶対値を付けたグラフがこちら。

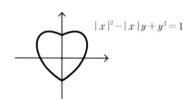

きれいなハート型になりました！

[**Step3 極座標に変換する**]

さて、次はハートをドキドキさせるために、式を極座標に変換します。ここからは数学ガチ勢向けです。極座標についてはP57で説明しているので、そちらを参照してください。

極座標に変換するには

$$r^2 = x^2 + y^2, \ x = r\cos\theta, \ y = r\sin\theta$$

の関係式を用いて $|x|^2 - |x|y + y^2 = 1$ を r と θ の式にします。

$$|x|^2 - |x|y + y^2 = 1$$

2乗部分の絶対値をはずした

$$x^2 + y^2 - |x|y = 1$$

極座標に変換

$$r^2 - |r\cos\theta|r\sin\theta = 1$$

$r \geqq 0$ より $|r| = r$

$$r^2 - r^2|\cos\theta|\sin\theta = 1$$

$$r^2(1 - |\cos\theta|\sin\theta) = 1$$

$$r^2 = \frac{1}{1 - |\cos\theta|\sin\theta} \quad \leftarrow 分母 \neq 0 である$$

$$r = \frac{1}{\sqrt{1 - |\cos\theta|\sin\theta}} \quad \leftarrow ルートにする$$

これで、ハートの関数を極座標の式に変換することができました！

　rは原点からの距離を表しているので、rの値を大きくしたり小さくしたりすればハートの大きさが変わります。つまり、

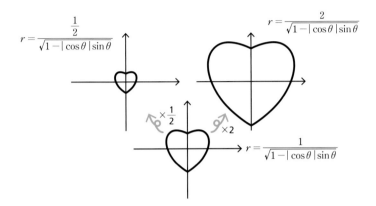

$$r = \frac{\frac{1}{2}}{\sqrt{1 - |\cos\theta||\sin\theta|}}$$

$$r = \frac{2}{\sqrt{1 - |\cos\theta||\sin\theta|}}$$

$$r = \frac{1}{\sqrt{1 - |\cos\theta||\sin\theta|}}$$

　このようにrの右辺は2をかければ大きく、$\frac{1}{2}$をかければ小さくなります。かける数が大きくなって、小さくなって……を繰り返せば、連続してドキドキするハートができそうですね。

　ここで役立つのが周期関数である三角関数、$\sin t$です。式の右辺に$\sin t$をかけて、tを0からπまで動かしてみると……

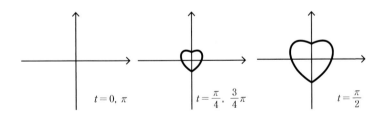

$t = 0,\ \pi$　　　　$t = \dfrac{\pi}{4},\ \dfrac{3}{4}\pi$　　　　$t = \dfrac{\pi}{2}$

　これで、ドキドキするハート型グラフの完成です！

　また、今回の作品では$t = 0$でハートがなくなってしまわないように右辺の分子には4が足されています。細やかな配慮ですね。

問6
答えが1になる問題を
考えよ

　難しくてややこしい問題を解き進めていった結果、最後の答えは非常にシンプルだった……なんて経験はありませんか？

　正解したときのスッキリする感じは堪りませんよね。

　今回は、答えが1になる問題をたくさん集めました。

　片っ端から解いて、思う存分スッキリしましょう。

問6 答えが1になる問題を考えよ

総いいね数 11,539
総リツイート数 3,580

LEVEL★

WAY 1

【問】いま、何問目？

（@heliac_arc）

1ですね。

LEVEL★

WAY 2

【問】この問いに答えは何個存在する？

（@card_board1909）

1以外だと矛盾します。

この2問は、答えの解説をするまでもないですね！

LEVEL ★★★

WAY **3**

【問】好きな数字を思い浮かべよ

（@iklcun）

　好きな数字をひとつ頭に思い浮かべてください。

　その数に4を足して、倍にしてください。

　そこから6を引き、2で割ったのちに最初に思い浮かべた数を引いてください。

　その答えは1ですね？

　もしあなたが好きな数字に虚数単位iを選んだなら、当然に感じたかもしれませんね。

WAY **4**

【問】星の面積を求めよ

（@potetoichiro）

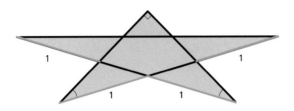

きらきらひかるお星さまの面積を求めてみましょう。角度が指定されていないのに面積が1になるのは少し不思議ですね。

[**解法**]

等積変形していく。

①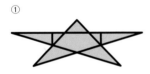

②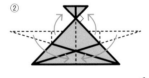

③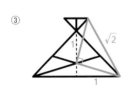

④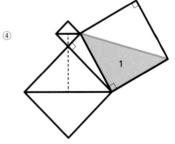

最後に三平方の定理を用いた。

LEVEL ★★★★★ ～～～～ WAY 5 ～～～～

【問】次の不等式の表す領域を
図示せよ

（@CHARTMANq）

$$\min\Bigl(\max(10\,|\,x\,|\,,\,|\,y\,|)-1,$$

$$\max\Bigl(\,|\,7x-10y+10\,|-\frac{17}{40},\,\Bigl|\,x+\frac{3}{8}\,\Bigr|\Bigr)-\frac{11}{40}\Bigr)\leqq 0$$

$\min(a,\ b)$は$a,\ b$のうち小さい方の値を、
$\max(a,\ b)$は$a,\ b$のうち大きい方の値をとる。
ただし、$a = b$のときは$\min(a,\ b) = \max(a,\ b) = a = b$とする。

～～～～～～～～～～～～～～～～～～～～～～～～

　図示の問題？　それじゃあ答えは1にならないんじゃないの？
一見すると誰もがそう思うでしょう。この問題の答えはなんと……

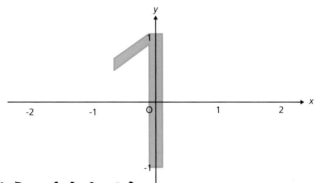

そう、1なんです。

まさか1を図示させてくるとはおどろきですね……！

「1」に見えるよう、上を曲げているのも高ポイントです。

【問】フィボナッチ数列において 10¹⁰⁰番目と10¹⁰⁰+1番目の数の最大公約数は？

【問】フィボナッチ数列において 10^{100}番目と10^{100}+1番目の数の最大公約数は？

（@constant_pi）

　フィボナッチ数列とは、1, 1, 2, 3, 5, 8, 13, 21, …のように、初項と第2項が1で、第3項以降が直前の2つの項の和になっている数列のことです。

　数列の第n項をF_nとすると、$F_1=1$, $F_2=1$, $F_{n+2}=F_n+F_{n+1}$と表すことができます。

　さて、この問題の正解が1ということは、最大公約数が1ということ。つまり2つの数が互いに素であることを証明できれば良さそうですね！　以下のように数学的帰納法を用いて証明できます。

[証明]

　フィボナッチ数列の第n項をF_nと表す。

F_nとF_{n+1}が互いに素であることを数学的帰納法を用いて証明する。

(ⅰ)　$n=1$のとき　1と1は互いに素である。

(ⅱ)　$n=k$のとき　F_kとF_{k+1}は互いに素であると仮定する。F_{k+1}とF_{k+2}が2以上の公約数を持つと仮定すると、$F_k=F_{k+2}-F_{k+1}$より、F_kもこの公約数を約数に持つことになるので、F_kとF_{k+1}も、その公約数を持つ。これは、F_kとF_{k+1}が互いに素であることに矛盾する。よってF_{k+1}とF_{k+2}は互いに素である。

　よって、$F_{10^{100}}$と$F_{10^{100}+1}$の最大公約数は1である。

LEVEL ★★★★★

WAY **7**

【問】フィボナッチ数の
級数を求めよ

（@apu_yokai）

次の級数を求めよ。

$$\sum_{k=1}^{\infty} \frac{\varphi}{\sqrt{5}\, F_{2^k}}$$

ただし φ は黄金数で $\varphi = \dfrac{1+\sqrt{5}}{2}$ とする。

F_n はWAY6でも登場したフィボナッチ数列です。この答えが1になるなんて、にわかには信じられませんが、これは**Millin級数**と呼ばれるマイナーな級数を変形したものです。

[**Millin級数**]

$$\sum_{k=0}^{\infty} \frac{1}{F_{2^k}} = \frac{7-\sqrt{5}}{2}$$

Millin級数は高校数学の範囲で証明することができ、その途中には黄金数 φ やフィボナッチ数列の美しい等式がたくさん登場するので、興味のある方は調べてみてください！

余談ですが、Millin級数はMillinさんではなく、Millerさんが発見しました。しかしなぜか間違った名前で広まってしまい、本人もそれを面白がったためにこの名前で定着しました。

愉快な数学者ですね。

WAY 8

オイラーの等式

（@レオンハルト・オイラー）

$$-e^{i\pi} = 1$$

好きだから
入れちゃった♡

　数学界の二大巨人とも呼ばれる、**レオンハルト・オイラー**が発見した等式です。書き換えると、

$$e^{i\pi} + 1 = 0$$

となります。これは**オイラーの等式**と呼ばれており、**数学界で最も美しい数式**とも言われています。

　たしかにシンプルな数式ではありますが、なぜ「最も美しい」とまで言われているのでしょうか？　それはオイラーの等式が、別々に発展していた、異なる分野の概念をひとつの式にまとめているからなのです。式の中にある、それぞれの文字を見てみましょう。

e：ネイピア数。$e = 2.71828\cdots$と続く無理数。e^xが微分しても変わらないため、微分積分を用いた解析学で非常に重要な定数。

π：円周率。$\pi = 3.14159\cdots$と続く無理数。円周と直径の関係を表した、幾何学で非常に重要な定数。

i：虚数単位。2乗すると-1になる数のこと。方程式を解く代数学で非常に重要な数。

オイラーの等式では、$e = 2.71828\cdots$ と $\pi = 3.14159\cdots$ という2つの無理数が、虚数単位 i を用いることで $-e^{i\pi} = 1$ とシンプルな整数になる、という点ももちろん美しいです。

しかし本当のポイントは解析学・幾何学・代数学という異なる学問のなかで非常に重要な概念である e、π、i がひとつの式にまとまっている点です。別々の分野で発展してきた数が、実は裏でつながっていたなんて、**数学史における壮大な伏線の回収**ですね。

さらに文字だけでなく、出てくる数字も

1：乗法（掛け算）において、掛けても変わらない数
0：加法（足し算）において、足しても変わらない数

という、代数学において特別な数です。それらが全て、たったひとつの式の中に集約されている。これが、オイラーの等式が最も美しい数式と呼ばれる理由なのです。

ちなみにオイラーは、そのあまりの天才さから「人が息をするように、鳥が空を飛ぶように、オイラーは計算をした」と評されています。オイラーは今回ご紹介したオイラーの等式をはじめとして数多くの業績を残していますので、興味のある方はぜひご自身でも調べてみてください。

クロソイド曲線

　みかんのヘタの部分からクルクルとらせん状に巻きながら剥いていくと、インテグラル∫のような形で剥くことができます。実はこれはクロソイド曲線と呼ばれる曲線です。クロソイド曲線は、曲率（曲がり具合）が一定の割合で変化するという性質をもっています。

クロソイド曲線

始点
最初はほぼ直線

曲線に沿って
進むほど曲率が
大きくなる

　身近に登場するクロソイド曲線として、一定の速度で動く車がハンドルを一定の速さで傾けていったとき、車の軌跡はクロソイド曲線になります。それに対して、ハンドルを一定だけ傾けた状態で（一定の速度で）動く車の軌跡は円になります。

　このような特性から、クロソイド曲線は道路などの設計に取り入れられています。たとえば直線の道路からカーブに移行する際に曲率が一定の道路つまり円の道路だと急なハンドル操作が強いられます。これを解消するために直線と円の道路の間にクロソイド曲線の道路を挿入します。すると、急なハンドル操作を強いられることなく曲がることができるのです。

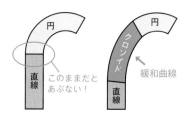

円
直線
このままだと
あぶない！

円
クロソイド
直線
緩和曲線

角を三等分せよ

　角を三等分する問題は古くから考えられており、ギリシャ三大作図問題の一つにも挙げられています。

【ギリシャ三大作図問題】
コンパスと定規を用いて、
1. 円と同じ面積の正方形をかけ
2. ある立方体の二倍の体積をもつ立方体をかけ
3. 任意の角を三等分せよ

　実はこれらの問題はすべて否定的に解決、つまり「コンパスと定規だけではこれらは作図できない」ことが証明されています。それでは、「コンパスと定規」以外を使った場合はどうでしょうか？　新しい道具を使って、今度こそ角を三等分してみましょう。

※「コンパスと定規を用いて」とは、「①目盛りのない定規で直線を引く」、「②コンパスで円を描く」の操作だけを有限回行う、という意味です。

WAY 1

折り紙を用いる

(@有名問題)

　実は定規やコンパス、分度器などを使わなくても紙を「折る」だけで、0°から90°までの任意の角を三等分することができます。手順は次の通りです。まずは正方形の折り紙を用意しましょう。

① 折り紙を適当に折って、任意の角を作る

せっかくなので実際にやってみて!

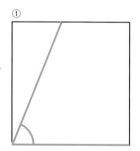

② 同じ間隔で適当に2回折り、同じ幅の折り目を付ける。それぞれの点を点A〜Fとする。最初の折り目を辺CPとする。

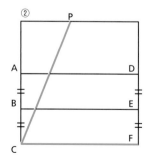

③ 点AがCP上、点CがBE上
になるよう折り、点A、B、
Cが動いた先を点A′、B′、
C′とする

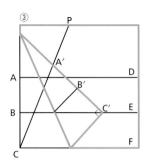

④ 点A′と点C′が重なるように
折ると、その折り目は点Cを
通る

⑤ CB′、CC′が角の三等分線に
なっている

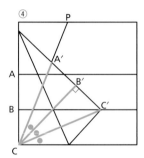

　この証明はとても簡単です。点C′からCFに垂線を下ろしその
足を点Gとすると、△A′B′Cと△C′B′Cと△C′GCは合同になっ
ています。したがって、∠A′CB′＝C′CB′＝∠C′CGとなり、角
が三等分されていることがわかります。

~~~~~~~~~~~ WAY **2** ~~~~~~~~~~~

トマホークを用いる

(@opus_118_2)

　トマホークとは、北アメリカ原住民であるネイティブ・アメリカンが使用していた斧の名前です。投げて戦うための武器として使用したり、日常作業にも役立てていたそうです。なんとこのトマホークに似た形の道具で角を三等分することもできるのです。

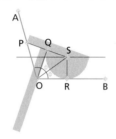

　図に示したように三等分したい角∠AOBに対して、トマホークの持ち手の下の部分がOを通り、とがった部分の点Pと半円上の点Rがそれぞれ直線OAとOBの上にくるように配置すると、直線OQと直線OSは角の三等分線になっています。

　このトマホークは角を三等分するためだけに設計された特殊な形をしており、大きく分けて3つの部分に分かれています。
　①　まっすぐな直線部OQ
　②　Qを通り、直線OQに直交する直線部PS
　③　Sを中心としてSQを半径とする半円
　ここでPQ＝QSとなるように作られているので、半円上の任意の点をRとするとPQ＝SQ＝SRを満たすことが重要な性質となっています。柄の部分に太さがあるのは持ちやすいようにするためです。

　勘のいい方はそろそろお気づきかもしれませんが、このトマホークは図のように配置したときに△OPQ ≡ △OSQ ≡ △OSRとなるようにその形が設計されています。これが角の三等分線を引ける理由です。

　△OPQ ≡ △OSQ ≡ △OSRとなっていることを確認しましょう。

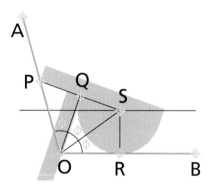

　まずトマホークの形と配置の仕方からPQ = SQ = SRを満たします。
直線OQとORはOから引いた円の接線となっているので、円の性質からそれらの接線と接点を通る半径SQ,SRはそれぞれ直交します。共通の辺をもっていることも考慮すると、以上より△OPQと△OSQと△OSRは辺の長さがすべて同じ直角三角形になっていることが分かるので、△OPQ ≡ △OSQ ≡ △OSRが成り立ちます。

　したがって∠POQ = ∠SOQ = ∠SORが従い、無事に直線OQとOSが∠AOBの三等分線になっていることを証明できました。

効率よく角を三等分できる非常に有効な手段ですね！

WAY 3

特殊分度器を用いる

（@MarimoYoukan03）

まずはこちらをご覧ください。

①

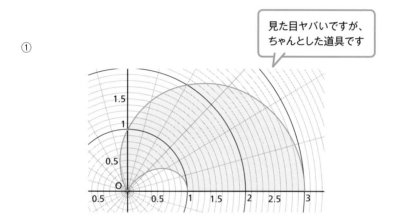

見た目ヤバいですが、
ちゃんとした道具です

こちらは、ただの曲線ではありません。

実は角を三等分することに特化した、特殊な分度器なのです。

②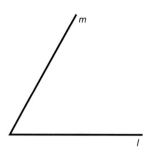

　この2つの直線、lとmからなる角を三等分しましょう。まず特殊分度器を直線lに沿わせて、角の頂点を分度器のAに合わせます。

③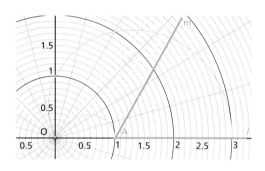

　次に、直線mと分度器の交点Bから分度器の端Oへ直線を引きます。すると角ABOは、なんと元の角の三等分になっています！

④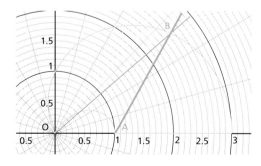

あとは直線BOに平行でAを通る直線を引けば、元の角の三等分線の出来上がりです。

⑤

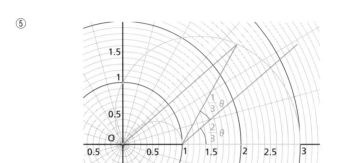

なぜこの作業で三等分線が引けるのでしょうか？

その秘密は特殊分度器の形にあります。

　実はこの分度器は極座標表示で $r = 1 + 2\cos\theta$ と表される曲線になっています。極座標については「問5　ハートのグラフを描け」でも紹介しているので、忘れてしまった方は読み直してみてください。

　$r = 1 + 2\cos\theta$ をグラフに表すと次のようになります。

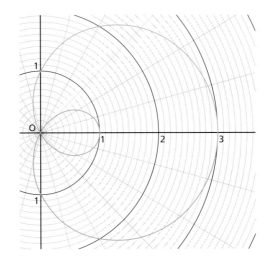

　NTTのロゴマークのようなこのグラフは**パスカルの蝸牛形**（かぎゅうけい）[＊1]と呼ばれています。

　蝸牛とはカタツムリのことですが、そんなに似ていないような……。

　[＊1]　$r = a\cos\theta + \ell$ と表される曲線をパスカルの蝸牛形と呼びます。

次のように補助線を引いてみます。

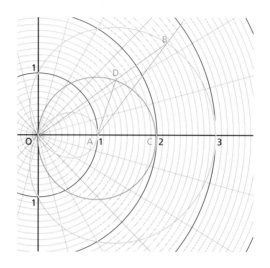

$r = 1 + 2\cos\theta$ は、xy 座標では

$$\begin{cases} x = r\cos\theta = \cos\theta + 2\cos^2\theta = \cos\theta + \cos 2\theta + 1 \\ y = r\sin\theta = \sin\theta + 2\sin\theta\cos\theta = \sin\theta + \sin 2\theta \end{cases}$$

となり、これは、$(1, 0)$ を中心とする半径 1 の円上の点（たとえば D）

$$\begin{cases} x = \cos 2\theta + 1 \\ y = \sin 2\theta \end{cases}$$

から、（$\overrightarrow{OD}$ の方向に）さらに距離 1 だけ延長した点（たとえば B）を表しています。

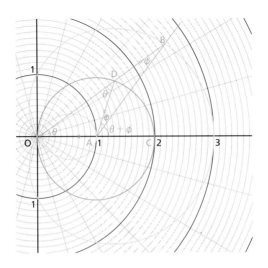

　すると、AD＝AOなので△AODは二等辺三角形、DA＝DB
なので△DABも二等辺三角形になります。

　∠AOD＝∠ADO＝θ、∠DBA＝∠DAB＝ϕとすると

△AOBの外角より、∠BAC＝$\theta + \phi$　…①

△DABの外角より、$\phi + \phi = \theta$　　　…②

　②より　　$\theta = 2\phi$

　①より　　∠BAC＝$2\phi + \phi = 3\phi$

となるので、ϕは∠BACの三等分であることがわかります。

WAY 4

専用のグラフを用意する

（@yasuyuki2011h）

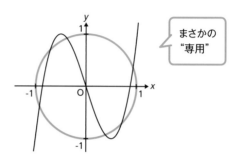

まさかの"専用"

こちらのグラフは

・$y = 4x^3 - 3x$

・$x^2 + y^2 = 1$（単位円）

でできています。

そして次の手順を踏めば、角を三等分することができます。

① 線を適当に引き、任意の角 α を作る。直線と円の交点から x 軸 に垂直に線を引き、x 軸との交点を H とすると OH $= \cos\alpha$ と なる。原点を中心として、半径が $\cos\alpha$ の円を描く

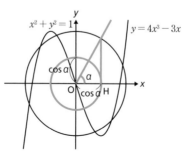

② ①で描いた円について、x軸に平行な接線を引く（$y > 0$ のもの）

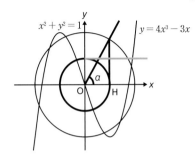

③ ②で引いた接線と $y = 4x^3 - 3x$ との交点から、y軸に平行な線を引く

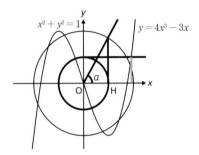

④ 原点から、③で引いた線と $x^2 + y^2 = 1$ との交点へ線を引くと角の三等分線になる

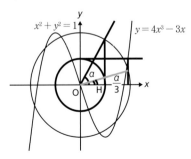

さて、どうして三等分線が引けたのでしょうか。$\cos\alpha$はわかっているので$\cos\dfrac{\alpha}{3}$を求めるのが目標です。

ここでは、次の$\cos$の三倍角の公式を用います。

$$\cos\alpha = 4\cos^3\frac{\alpha}{3} - 3\cos\frac{\alpha}{3}$$

実は先ほどの手順は、図の上で方程式を解くアルゴリズムになっているのです。

[**方程式を解く流れ**]

各手順で何を計算していたか説明します。

① $\cos\alpha$の長さを測り取る

② $y = \cos\alpha$を作図する

③ $y = \cos\alpha$と$y = 4x^3 - 3x$の交点のx座標の長さを測り取る。
$x > 0$における$\cos\alpha = 4x^3 - 3x$の交点のx座標の長さは、三倍角の公式より$\cos\dfrac{\alpha}{3}$となっている

④ $x = \cos\dfrac{\alpha}{3}$と$x^2 + y^2 = 1$の交点の座標は$\left(\cos\dfrac{\alpha}{3},\ \sin\dfrac{\alpha}{3}\right)$である。原点からここへ向かって線を引くと角の三等分になる

問 8
大定理でくだらないこと を証明せよ

　世の中には偉大な数学者が生涯をかけて証明してきた「大定理」と呼ばれるものがたくさんあります。過去の数学者たちの発見の積み重ねによって、今このように数学を楽しめているのです。

　そのことを科学者かつ数学者であるニュートンは、同じく科学者であるロバート・フックに向けた手紙の中で「私が彼方を見渡せたのだとしたら、それは私が巨人の肩の上に乗っていたからだ」と表現していました。

　さて、この章では過去の数学者たちが発見した偉大な定理を使って、くだらないことを証明してみましょう。たとえあなたがどんなに小さくても、巨人の肩に乗れば怖いものなどありません！

総いいね数	1,851
総リツイート数	565

LEVEL ★★

── WAY 1 ──

四色定理を使う

（@toku51n）

四色定理より、四国の地図は四色で塗り分けられる。

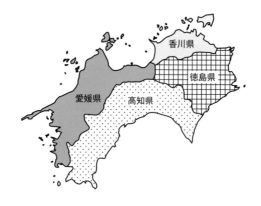

四色定理とは「平面の地図を塗り分けるとき、隣り合う領域が異なるように色分けするには4色あれば十分である」という定理です。繰り返すと、四国には4つの県がありますが、四色定理を用いると四国の地図を塗り分けるには4色あれば十分だということがわかります！

ちなみに、四国の地図を塗り分けるのには3色で十分です。

四色定理について少しお話をします。

はじめて四色定理が四色問題として問題提起されたのは1852年のことです。ロンドンの学生であったフランシス・ガスリーは地図の色塗りをしていた際に4色あれば塗分けられることを発見し、弟のフレデリック・ガスリーにこのことを伝えたのが発端となります。

フレデリック・ガスリーはこの数学的な重要性に気づき、有名な数学者ド・モルガンに質問しますが、ド・モルガンは証明できませんでした。そのことによりこの問題は瞬く間に広がっていき、多くの数学者が四色問題に挑みましたが、証明されるまでに100年以上の年月がかかりました。

さらに驚きなのはその証明方法です。初めて考え出された証明は地図の領域の配置のされ方を約1400種類に分類し、それらすべてのパターンで4色に色分けできるかをコンピュータで確かめるという、なんとも強引な方法だったのです。

当時のコンピュータではこれらをすべて演算するのに10年以上かかることが発覚し、その後プログラムやアルゴリズムが改良されてやっと四色問題は定理として認められていくようになりました。携帯電話の同じ周波数の基地局が隣り合わないように基地局を配置するなど、現実社会でも応用されている定理です。

こんな大定理を使って「四国の地図は4色で塗り分けられる」というしょうもないことを証明するというギャップが面白いですね。

かつてこれほどまでに四色定理を粗末に扱った人がいただろうか。いやいない。

フェルマーの大定理を使う

(@有名問題)

n を3以上の自然数として $2^{\frac{1}{n}}$ が有理数だと仮定すると、自然数 p, q を用いて次のように表せる。

$$2^{\frac{1}{n}} = \frac{q}{p}$$

$$2 = \frac{q^n}{p^n}$$

$$2p^n = q^n$$

$$p^n + p^n = q^n$$

フェルマーの最終定理よりこれらを満たす自然数の組は存在しないので矛盾。背理法により、$2^{\frac{1}{n}}$ は無理数である。

まるで魔王を倒した後に 最初の街でスライムを倒すような快感。

フェルマーの最終定理とは、$n \geq 3$ として

「$a^n + b^n = c^n$ となるような自然数の組 (a, b, c, n) は存在しない」 という、数学界で非常に有名な定理です。

この証明では $(a, b, c) = (p, p, q)$ として用いられています。

　フェルマーはこの定理を発見した際に**「私は真に驚くべき証明を見つけたが、この余白はそれを書くには狭すぎる。」**と本の隅に書き残してこの世を去りました。実際にフェルマーが証明を思いついたのかは不明ですが、この定理の証明は数々の数学者の挑戦をはねのけ続け、1995年にアンドリュー・ワイルズが証明したと確認されるまで300年以上だれも証明できなかったのです。

　本の隅に書き残したメモが300年以上にもわたって数学者を翻弄し続けたという事実は、恐ろしくも魅了されますね。

　そんなフェルマーの大定理ですが、
フェルマーも自分の考えた大定理がこんなしょうもない証明に使われるとは思っていなかったでしょう。

　ちなみに同様の手順で$3^{\frac{1}{n}}$が無理数であることを証明することはできません。

　なぜなら$a^n + b^n + c^n = d^n$を満たす自然数の組は存在し、
$$1^3 + 6^3 + 8^3 = 9^3$$
などがあるからです。

フェルマーの小定理を使う

(@nekomiyanono)

フェルマーの小定理より

$$3^{2-1} \equiv 1 \pmod 2$$

なので3は奇数である。

　3が奇数であることを示すために、鬼才フェルマーの力を借りるというなんとも大がかりな証明に思わず吹き出してしまいそうになります。**教室や電車の中で読まれている方は注意してください。**

　さてこの証明をじっくりと楽しんでいきましょう。まずはフェルマーの小定理をおさらいします。

[**フェルマーの小定理**]

　p を素数、a を p の倍数でない整数とすると、

$$a^{p-1} \equiv 1 \pmod p$$

が成り立つ。

　$p = 2$ のとき、a が2の倍数でないならば、$a^{2-1} = a \equiv 1 \pmod 2$ が成り立ちます。3は2の倍数ではないので、$a = 3$ のとき $3 \equiv 1 \pmod 2$、つまり3は奇数です。

あれれ？　おかしいぞ？

この証明をよく見返すと、「3が奇数であること」を証明するために前提として「3が2の倍数ではない」ことを用いています。これは「3が奇数である証明」としては不適切で、**循環論法**に陥っています。

循環論法とは、ある命題を証明するときに、その命題を証明の中で前提として用いる論法のことです。論理体系である数学において循環論法は証明として認められません。

3が奇数である証明に失敗してしまうなんてなんということでしょう……。

ただ、フェルマーの小定理を使って3が奇数であることを証明しようとしたこのアイデアは傑作ですね。

その理由はこのアイデアが優れているからです！（循環論法）

ブレートシュナイダーの公式を使う

（@fukashi_math）

ブレートシュナイダーの公式より、

一辺の長さが 1 の正方形の面積 S は

$$S = \sqrt{(t-1)(t-1)(t-1)(t-1) - 1 \times 1 \times 1 \times 1 \times \cos^2\left(\frac{180°}{2}\right)}$$

ここで、$t = \dfrac{1+1+1+1}{2} = 2$ より $S = 1$ である。

ブレートシュナイダーの公式は四角形の面積 S を求める公式で、四角形のそれぞれの辺の長さを a, b, c, d、向かい合う角の大きさの和を θ、$t = \dfrac{a+b+c+d}{2}$ とおくと、

$$S = \sqrt{(t-a)(t-b)(t-c)(t-d) - abcd\cos^2\left(\frac{\theta}{2}\right)}$$

と表すことができます。

この公式を用いて一辺の長さが 1 の正方形の面積 S を求めるには、$a = b = c = d = 1$，$\theta = 180°$ とすればよいわけです。

いや、回りくどいわ（唐突のツッコミ）。

ただ、簡単な数字を代入して公式が本当に成り立っているかを確認するのは、大事な作業ですね。

円周率を求めよ

円周率とは「円周は直径の何倍か」、つまり直径1の円の周の長さとして定義されており、その数は3.14159……と無限に続く無理数であることが知られています。1文字でπ（パイ）と表されることも多いですね。

そんな無限に続く円周率ですが、世界ではどこまで求められるかの競争が繰り広げられています。著名なギネス記録としては、2019年3月14日にGoogleが計算した、31兆4159億2653万5897桁です。この数字を見て気付いた点はあるでしょうか？

そう、
3月14日：円周率の日
31兆4159億2653万5897桁：円周率π＝3.1415926535897……
にかかっているのです。Googleらしいユーモアが感じられますね。

Googleはコンピュータを駆使して31兆桁以上の円周率を求めましたが、どのような求め方があるでしょうか？　この章では数学クラスタに、円周率の求め方について募集しました。

LEVEL ★★

~~~~~~~~~~ **WAY 1** ~~~~~~~~~~

多角形で評価する

（@アルキメデス）

東京大学の入試
で出ました

　直径1の円に内接・外接する正多角形を考えます。上図では正六角形を使用しています。

　内接している正多角形の周の長さをL，外接している正多角形の周の長さをMとすると、円周の長さはπなので

$$L < \pi < M$$

が成立します。LとMでπをはさみうちしていることになりますね。

正六角形の場合の、L と M の値を計算すると

$$3 < \pi < 3.4641\cdots$$

となり、π は3より大きく、3.4641… よりは小さいことがわかります。

そして正多角形の角の数を増やしていくと、L と M は段々 π に近づいていきます。

アルキメデスは正六角形の次に内外接する正十二角形、正二十四角形、正四十八角形、正九十六角形と計算を進めていき、最終的に

$$3 + \frac{10}{71} < \pi < 3 + \frac{1}{7}$$

であることを導きました。紀元前の当時は小数での表記が発明されていませんでしたが、これを小数表記に直すと、

$$3.1408450704225352\cdots < \pi < 3.1428571428571428\cdots$$

となります。

小数第二位までの円周率、つまり3.14を人類史上初めて知ることができたのです。

WAY 2

ビュフォンの針で求める

（＠ビュフォン）

> 針の長さは
> 同じです

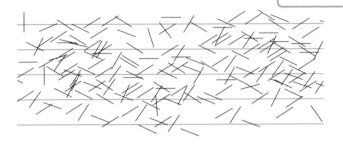

　間隔 d で平行線が引かれた平面があるとします。そこへ長さ l の針（ただし $l < d$）を適当にたくさん投げたとき、針が平行線に交わる確率は

$$\frac{平行線と交わった針の数}{投げた針の数} \fallingdotseq \frac{2l}{\pi d}$$

となります。これは **ビュフォンの針** [＊1] と呼ばれ、確率に π が登場することで非常に有名な問題です。少し難しいですが、導出は以下の通りです。

　投げた針の中心から一番近い平行線までの距離を y とし、針と平行線がなす角を θ とします。

　このとき y, θ は $0 \leqq y \leqq \dfrac{d}{2}$,

$0 \leqq \theta \leqq \dfrac{\pi}{2}$ を満たします。

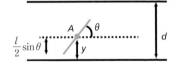

よって針が平行線と交わるときは、

$$y \leqq \frac{l}{2}\sin\theta$$

をみたすことになります。

針を適当に投げるときy, θは$0 \leqq y \leqq \dfrac{d}{2}$, $0 \leqq \theta \leqq \dfrac{\pi}{2}$をみたすランダムな実数を取ります。このときに$y \leqq \dfrac{l}{2}\sin\theta$となる確率を求めれば、それが答えになります。

言い換えると、図の長方形内に $(\theta,\ y)$ という点をとるとき、$y = \dfrac{l}{2}\sin\theta$より下にある確率はいくらか？　と同じになります。

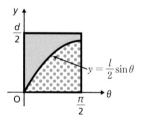

よって求める確率は

$$\frac{\text{水玉模様部分の面積}}{\text{長方形の面積}} = \frac{\displaystyle\int_0^{\frac{\pi}{2}} \frac{l}{2}\sin\theta\, d\theta}{\dfrac{d}{2} \times \dfrac{\pi}{2}} = \frac{2l}{\pi d}$$

となるのです。

[＊1]　のちの章で取り上げる「起こる確率が無理数である事象」
　　　　の1つでもあります。

WAY 3

衝突させてみる

（@ガルペリン）

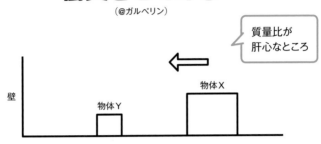

質量比が
肝心なところ

用意するものは2つの物体XとY、壁、そして力学的エネルギーが保存される部屋。

なんと、これだけで円周率を求めることができます。

物体Xが物体Yに向かって衝突するとします。物体YはXからエネルギーを受け取って、壁に向かって進みます。壁に当たったYは跳ね返ってXと衝突、またYは跳ね返り……という動きを繰り返します。このとき、Yが Xと壁に衝突した合計回数を考えます。

衝突は完全弾性衝突（力学的エネルギーを失わずにはねかえる）とし、床との摩擦はなく、空気抵抗もないとします。

物体Xと物体Yの質量比が1：1、つまり等しいときは次のようになります。

① **X が Y に向かって進む**

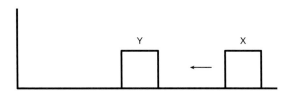

② **X が Y に衝突し、X は静止し、Y は進む**

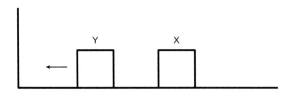

③ **Y が壁に当たって跳ね返る**

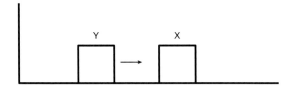

④ **Y が X に衝突し、Y は静止し、X は進む**

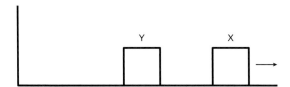

このように質量比が1：1の場合は、YはXと壁に合わせて3回衝突をしました。

　そして2物体の質量比を変化させると、実に興味深い結果となります。

物体の質量比（X/Y）	Yの衝突回数
1	3
100	31
10000	314
1000000	3141

お気付きでしょうか？

　そう！　質量比が100^n（nは0以上の整数）のとき、衝突回数は円周率の上から$n＋1$桁を切り取った数字になります。

　質量比を100倍にするごとに、円周率が1桁ずつ明らかになっていくのです。

LEVEL ★★★★ ～～～～ WAY **4** ～～～～

円周率に収束する級数で考える

（@数学者たち）

　長い間数学が研究されていく中で、一定の法則で無限に続く数列の無限和（級数）や無限積が、円周率πを用いた値に収束していく例がいくつも発見されています。ここではその一部をご紹介します。

[ライプニッツ級数]

$$\frac{\pi}{4} = \frac{1}{1} - \frac{1}{3} + \frac{1}{5} - \frac{1}{7} + \frac{1}{9} - \cdots$$

[バーゼル問題]

$$\frac{\pi^2}{6} = \frac{1}{1^2} + \frac{1}{2^2} + \frac{1}{3^2} + \frac{1}{4^2} + \frac{1}{5^2} + \cdots$$

[ヴィエトの公式（無限積）]

$$\frac{2}{\pi} = \frac{\sqrt{2}}{2} \cdot \frac{\sqrt{2+\sqrt{2}}}{2} \cdot \frac{\sqrt{2+\sqrt{2+\sqrt{2}}}}{2} \cdots$$

[ラマヌジャンの円周率公式]

$$\frac{1}{\pi} = \frac{2\sqrt{2}}{99^2} \sum_{n=0}^{\infty} \frac{(4n)!}{n!^4} \cdot \frac{26390n + 1103}{396^{4n}}$$

> ラマヌジャンだけ
> レベルが段違い

円周率は何桁目まで
使われている?

　円周率は3.141592...と無限に続く数ですが、実生活では一体何桁目まで使用されているのでしょうか?　一例をご紹介します。

指輪の製作工房:小数第二位まで

　リングのサイズを求める際、円周率を3.14として計算している場合が多いようです。また、円周率πは「割り切れない数」として、**恋愛成就で縁起の良い数とされています。**

　3月14日の「円周率の日」に入籍されたり、リングに0.314カラットのダイヤを入れる方々もいるそうです。ロマンチックですね。

小学校で習う円周率:小数第二位まで

　2000年代前半のゆとり教育では **「円周率を3として教えていた」** という誤った内容が広まり、大きな波紋を呼びました。実際にはそのような事実はなく、学習指導要領では常に「円周率は3.14として教えること」と記されています。

　仮に円周率を3とすると、円周とその円に内接する正六角形の周の長さが同じになってしまうのです!

陸上のトラック:小数第四位まで

　日本陸上競技連盟は公認練習場の条件として「円周率は3.1416とする」と定めています。ちなみに、仮に円周率を3として設計すると、1周400mのトラックの総距離はなんと10m以上も長くなってしまいます。

起こる確率が無理数である事象を考えよ

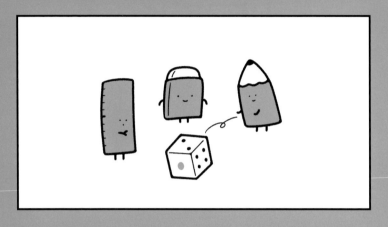

　確率という分野は元々、サイコロでの賭博について考えることから始まったと言われています。みなさんの中にも「確率の問題」と聞いて、サイコロを真っ先に思い浮かべた方も多いかと思います。

　サイコロを何回か振る問題は、理論上、全パターンを書き起こせば数えるだけで確率を求めることができます。このような問題では、確率は（ある事象が起こる場合の数）÷（全ての場合の数）、つまり整数÷整数の有理数となります。

　さて、もしも全パターンが書き出せない、確率が無理数になる問題があればどうしましょう。今回はそんな問題を集めてみました。この章を読み終える頃には、あなたにとって確率が無理数になるのも、珍しいことではなくなるかもしれません。

問10 起こる確率が無理数である事象を考えよ

LEVEL ★★

WAY 1

いびつなコイン

(@ugo_ugo)

［問］

ここにいびつな形をしたコインがある。このコインを2回投げたとき、2回連続表になる確率は$\frac{1}{2}$である。このとき1回投げたとき表が出る確率を求めよ。

コインがどんな「いびつ」なのか気になる…

［答］

1回投げたときに表が出る確率をpとおく。

2回連続で表が出る確率はp^2であり、これが$\frac{1}{2}$に等しいので$p^2=\frac{1}{2}$が成り立つ。したがって$p=\frac{1}{\sqrt{2}}=\frac{\sqrt{2}}{2}$

　問題文には無理数が一度も出てきていないのに、答えは無理数 [＊1] になりました。不思議に思った方も多いかもしれません。

　この問題のミソは「$p^2 = \dfrac{1}{2}$」という方程式を「2回連続で表になる確率が $\dfrac{1}{2}$」と表現することで、うまく問題文の中に隠していることです。パッと問題文を見ただけでは、確率が無理数だとは気付きにくくなっています。

　$\sqrt{2} = 1.414\cdots$ なので、このコインの表が出る確率は $\dfrac{\sqrt{2}}{2} = 0.707\cdots$ ≒ 約70% です。このコインがどのような形をしているかは不明ですが、相当歪んだ形のコインだと思われます。財布の中でもかさばって収納しにくそうですね。

[＊1] 無理数とは

無理数とは、分数で $\dfrac{\text{整数}}{\text{整数}}$ と表すことのできない数のことです。

たとえば2乗して2になる数である $\sqrt{2}$ や、

円周率 $\pi = 3.141592\cdots$ は無理数であることが知られています。

WAY 2

雨に濡れない確率

(@有名問題)

[問]

　2m×2mの正方形のスペースに垂直に雨が降っている。ここで半径1mの円形の傘をさすとき傘が雨粒を弾く確率を求めよ。

> 日常生活でよくあるような
> シチュエーションですね

[答]

$$\frac{傘の面積}{正方形の面積}$$ を計算すればよいので求める確率は $\frac{\pi}{4}$

　確率の中に、無理数であるπ（円周率）が出てきました。この問題を応用することで円周率を近似することができます。正方形のスペース全体に振った雨粒と、傘に降った雨粒を全て数えます。すると $\frac{（傘に降った雨粒の数）}{（全体に降った雨粒の数）}$ は雨粒の数が増えるに従って、$\frac{\pi}{4}$ に近付いていくのです。

　しかし、雨粒を一つ一つ数えていくのはスーパースローカメラを用いても骨の折れる作業です。そこで、コンピュータを用いてシミュレーションをしてみましょう。まずコンピュータで円に外接するように正方形を描き、正方形内にランダムに点を打ちます。すると打った点の数と円の内部に打たれた点の数の比率はだんだん $\frac{\pi}{4}$ に近づいていきます。このようにして確率（あるいは面積・体積等）を近似していく方法を**モンテカルロ法**といいます。

LEVEL ★★★★

～～～ WAY **3** ～～～

カジノで破産

(@kiri8128)

[問]

あるカジノでは、1円で次のようなゲームに参加できる。

「公正なコインを投げて、表が出たら3円もらえる」

あなたは所持金1円だけ持ってこのカジノへ行き、破産するまでこのゲームを続けます。

さて、あなたが無限にゲームを続けられる確率は？

[答]

所持金がn円として、ゲームを続けて破産する確率をp_nとおく。確率の合計は1なので、今回求める「無限にゲームを続けられる確率（＝ 破産しない確率)」は$1-p_1$となる。

> お金が増え続けると
> うれしいものだなあ

さて、一回のゲームで起こり得るパターンは

$$
\begin{cases}
\dfrac{1}{2} \text{の確率で表が出る→所持金が2円増える　}(p_n \text{が} p_{n+2} \text{になる}) \\
\dfrac{1}{2} \text{の確率で裏が出る→所持金が1円減る　}(p_n \text{が} p_{n-1} \text{になる})
\end{cases}
$$

の二通りです。したがって、

$$p_n = \frac{1}{2}p_{n+2} + \frac{1}{2}p_{n-1} \quad \cdots ①$$

が成り立つことがわかりました！

また、「所持金がn円から初めて$n-1$円になる確率」は「所持金が1円から0円になる（破産する）確率」と同じなのでp_1です。

つまり、「所持金n円から始めて破産する」とは「所持金1円から始めて破産するのをn回繰り返す」のと同じということです。

したがって、

$$p_n = p_1{}^n \cdots ②$$

が成り立つので、2式①②より、

$$p_1{}^n = \frac{1}{2} p_1{}^{n+2} + \frac{1}{2} p_1{}^{n-1}$$

$$2p_1{}^n = p_1{}^{n+2} + p_1{}^{n-1}$$

$$2p_1 = p_1{}^3 + 1$$

$$p_1{}^3 - 2p_1 + 1 = 0$$

$$(p_1 - 1)(p_1{}^2 + p_1 - 1) = 0$$

$$p_1 = 1, \ \frac{\sqrt{5} \pm 1}{2}$$

ここで、確率は1より大きくならないことから$0 < p_1 < 1$が成り立つので、$p_1 = \dfrac{\sqrt{5}-1}{2}$です！　よって、求める確率は$1 - p_1 = \dfrac{3 - \sqrt{5}}{2}$となって、求めることができました！

p_1を求めるためには、あえて一般化したp_nを考えた方が考えやすくなります。このように具体的な問題を一般化（抽象化）した方が考えやすくなるような反直感的な現象を**インベンターのパラドックス**と呼びます。

LEVEL ★★★★

~~~~~ WAY **4** ~~~~~

落とした棒

（@有名問題）

[問]

1本の棒を落としてしまい、3つに分かれた。その3つの小片で
それらを3辺とする鋭角三角形ができる確率を求めよ。

こんな折れ方する？
とはツッコまないで

鋭角三角形とはすべての角が90°より小さい三角形のことです。
この問題は1981年にイギリスの数学雑誌The Mathematical
Gazetteで紹介されました。

この問題は非常に難しいです！　正直なところ、数学が苦手な方
がこの証明を目にすると、**宇宙語を読んでいるような気分になって
この本を閉じてしまう可能性があります。**

数学の面白さを伝えるはずの本でトラウマを与えてしまうのは避
けたいので、この問題は「**私は数学が好きです！**」と胸を張れる人
だけ読んでください。「これから好きになる予定」の方は、他のペー
ジから数学に触れてみてくださいね。

　3つに分かれた小片の長さをそれぞれa、b、cとして、小片で鋭角三角形ができる条件を数式で表してみましょう。仮に$a \leqq b \leqq c$とすると、鋭角三角形とは最も大きい角Cが90度未満の三角形のことなので、求める条件は$\cos C > 0$となります。

　余弦定理より

$$\cos C = \frac{a^2 + b^2 - c^2}{2ab}$$

が成り立つことを踏まえると、求める条件は$a^2 + b^2 > c^2$と同値です。

［ 答え ］

　もとの棒の長さを1としても一般性を失わない。3つに分かれた小片の長さをそれぞれx、y、$1-x-y$とすると、

$$x > 0 \text{ かつ } y > 0 \text{ かつ } 1-x-y > 0 \quad \cdots ①$$

であって、それらの小片で鋭角三角形が形成できる条件は

$$x^2 + y^2 > (1-x-y)^2 \text{ かつ } y^2 + (1-x-y)^2 > x^2 \text{ かつ}$$
$$(1-x-y)^2 + x^2 > y^2 \quad \cdots ②$$

のときである。

　それらを図示すると次の図のようになる。

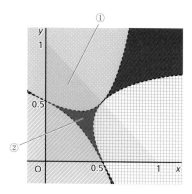

　求める確率は①の面積のうち②が占める割合に相当するので、積分で面積を求めると、

$$① = \frac{1}{2}、　② = \frac{3}{2}\log 2 - 1$$

である。以上より求める確率は、

$$\left(\frac{3}{2}\log 2 - 1\right) \div \frac{1}{2} = 3\log 2 - 2$$

　答えに自然対数logが出現し、確率が無理数となりました。

　求めた確率である $3\log 2 - 2$ は約 0.079 なので、とても低確率でしか鋭角三角形は作れないことがわかります。思ったより小さいと思われた方も多いのではないでしょうか？　なぜなら、この棒は「どの部分でも等確率で折れる」という問題設定のため、棒の端で折れる確率も考慮しているからです。

　興味のある方は、積分で面積を求める計算にも挑戦してみてください。

数学者を語る① 岡潔 Kiyoshi Oka

岡潔は、日本が世界に誇る天才数学者の1人です。

もっとも、彼は自分が天才と呼ばれることを嫌っていたようですが。

1901年に和歌山に生まれた岡は京都大学理学部に入学。流れるように助教授となり、フランスへ留学を決意します。この留学で岡は、彼の人生を捧げる一生のテーマとなる「多変数複素函数論」に出会います。当時ほぼ未開拓の状態だったこの分野を、岡は生涯を費やしてひとり開拓していきました。

その生涯で、解決不可能と言われた難問を3問も解決し、数学界を震撼させました。どれほど凄いかと言うと、ある欧米の数学者が「OKA KIYOSHI」という名前を、個人名ではなく、数学者集団のチーム名だと勘違いしたほどです。その業績を称え、岡には文化勲章が授与されました。その際に昭和天皇から「数学とはどのような学問ですか?」と問われ、岡は「生命の燃焼であります」と答えたそうです。

彼が「生命の燃焼」と表現したように、朝起きてから寝るまで、岡は数学以外のことは一切しなかったそうです。孤独な研究生活を続けた岡は精神を病み、躁鬱状態だったとも言われています。彼の生きざまから我々が学べること、それは「何か1つ命を燃やせるほど熱中できることを見つけろ」ということです。岡はそれを証明するような、次の言葉を残しています。

「人は極端に何かをやれば必ず好きになるという性質を持っています。好きにならぬのがむしろ不思議です。」

ほとんど整数の数をいえ

インドの魔術師と呼ばれるラマヌジャンは次の数を発見しました。

$$22\pi^4 = 2143.00000274\cdots$$

$22\pi^4$ はもちろん無理数ですが、小数第5位まで連続して0が続くためにほとんど整数のように思えますね。このように、整数ではないですが、その値が整数に非常に近い値をとるときにその数は「ほとんど整数」であると表現されます。

この章ではラマヌジャンに倣って、ほとんど整数の数を探すゲームをしてみましょう！

ほとんど整数の数を探すのは趣味やゲームの範疇であることも多いですが、その数字が整数に近い値をとるのは偶然の産物ではなく、理論から導出される必然的な結果である場合もあります。

したがって、ほとんど整数の数を探すのは意義のあることなのです。

総いいね数　　　　6,440

総リツイート数　　1,713

LEVEL ★★★★

WAY 1

eとπを使う

(@Keyneqq)

> これをすべて思いつく
> のにどれほどの時間が
> かかったのだろう…

$$(\pi + e) + \pi e + \frac{\pi}{e} + \sqrt[e]{e} = 17.00000391\cdots$$

$$\pi(2e)^2 - e - e^{-2} = 90.000000317\cdots$$

$$(5^\pi - 4^\pi + 2^\pi) - (5^e - 4^e + 3^e) = 32.00000000284\cdots$$

$$\frac{\sqrt{e}^{\sqrt{e}}e^e + \sin\left(\sqrt{e}^{\sqrt{e}}e^e\right)}{\pi} = 11.000000000011\cdots$$

　これらの式は、作者がeとπを使ってほとんど整数を作る遊びを
していた際に発見した式だそうです。

まるでラマヌジャンが乗り移ったかのような天才っぷりですね。

　数式美術館に入館した気分で式の美しさ・面白さを眺めて楽しん
でください。

LEVEL ★★★★

――――― WAY **2** ―――――

ゲルフォントの定数

(@ゲルフォント)

$$e^\pi - \pi = 19.999099979\cdots$$

ネイピア数 e を円周率 π 乗した定数である、

$$e^\pi = 23.14069\cdots$$

は、**ゲルフォントの定数**とよばれる無理数です。ちなみに、無理数の中でも特別な、**超越数**と呼ばれる数に分類されます。ゲルフォントの定数と π との差はほとんど20に近くなります。

ネイピア数 e と円周率 π が、ほとんど整数になるだって!?
背後には美しい数学的な必然性があるはずだ!

…と思った読者の方に、先に謝罪しておきます。すみません。

これがなぜほとんど整数になるのかの合理的な理由は発見されておらず、単なる偶然であるというのが有力な説なのです。

逆にこの数式の背後に潜んだ数学的な理由を発見したならば、あなたは一躍有名人になることができるでしょう。

追い求めよロマン。

WAY 3

sinを使う

(@有名問題)

$$\sin 11 = -0.9999902\cdots$$

$\sin 11$ がほとんど -1 に近い値になることは合理的な手法で導出することができます。もとになる材料は $\frac{22}{7}$ が円周率 π に近い値となるという事実です。これについては、「問9　円周率を求めよ」のP100、101で詳しく述べています。

さて、$\pi \fallingdotseq \frac{22}{7}$ の分母を払うと $7\pi \fallingdotseq 22$ が成り立ちます。したがって

$$\sin 22 \fallingdotseq \cos 7\pi = -1$$

ここで半角の公式より、

$$\sin^2 11 = \frac{1 - \cos 22}{2} \fallingdotseq \frac{1 - (-1)}{2} = 1$$

以上より、$\sin 11 < 0$ であることに注意すると $\sin 11$ がほとんど -1 に近いことがわかりましたね。

11のほかに、$\sin n$ がほとんど整数となるような自然数 n をプログラムを組んで計算してみたところ、

$$\sin 344 = -0.9999903\cdots$$

を発見しました。

これは $\pi \fallingdotseq \frac{344 \times 2}{219}$ が成り立つことが背景にあります。

どうやら $\sin n$ と π の分数近似は密接な関係にあるようですね。

WAY **4**

メートルの定義

(@有名問題)

$$\frac{g}{\pi^2} = 0.993621\cdots$$

ここで g は地上付近の重力加速度で、地球上のどこで計測するかによって多少異なりますが、

$$g = 9.80665\,[\mathrm{m/s^2}]$$

という値が標準で用いられています。

その重力加速度 g と円周率を二乗したものの比が、ほとんど1に近いというのは何らかの必然性があるのでしょうか？

実はこれには数学的というよりも物理的な理由があります。

カギを握っているのが振り子時計です。

振り子時計はチクタクチクタクと振り子によって時間を刻む機械で、振り子の1周期（振り子がもとの位置にもどるのにかかる時間）が2秒に相当します。振り子の1周期 T は振り子の長さ L、重力加速度 g、円周率 π を用いて

$$T = 2\pi\sqrt{\frac{L}{g}}$$

と近似できます。

これは高校物理からわかりますね！

gとπは定数なので上の式はTとLのどちらか片方が決定すると
もう一方が自動的に決まります。いま考えている振り子時計は周期
が2秒なので$T = 2$（秒）を代入して変形すると、

$$L = \frac{g}{\pi^2}$$

となってLが求まります。昔の人たちはこの式を見て「このときの
長さLを1メートルと名付けよう！」と考えたのです。

つまり昔は$1 = \dfrac{g}{\pi^2}$でした。

しかし、この定義は曖昧であることが後になって発覚します。重
力加速度gは地球上の場所によって変化するからです。そのため、
メートルの定義を変更せざるを得なくなり、さまざまな代案が考え
出されました。地球の周の長さの4千万分の1を1メートルと定義
してみたり、メートル原器なるものを作ってその長さと定義してみ
たり…多様な定義がされてきました。現在では「1メートルとは光
が1/299792458秒の間に真空中を進む距離」と定義されています。

1メートルの長さは大きく変化しませんでしたが、最初に述べた
1メートルの定義と現在の定義では多少のずれがあります。そのず
れこそが$\dfrac{g}{\pi^2} = 1$を$\dfrac{g}{\pi^2} = 0.993621\cdots$へと変化させました。

$\dfrac{g}{\pi^2}$がほとんど整数であるのは単なる偶然ではなく、
メートルの定義の変化がもたらした必然だったのです。

WAY **5**

人工的なほとんど整数

(@Keyneqq)

> 自分のこと整数
> だと思ってそう

$$\frac{2}{\pi}\{11 - \sinh\cos 11 - \sinh\cos(11 - \sinh\cos 11)\}$$

$$= 7.000000000000000000000000000000000000000000$$

$$0000000000000000000000000788\cdots \qquad [*1]$$

この数は0が連続して66個も登場します。

驚異の精度を誇るほとんど整数です！

ここまでくるともう整数にしか見えなくなってきました。

実はこの数、偶然ほとんど整数になったわけではありません。ほとんど整数となるように作者が恣意的に作り出した**人工的なほとんど整数**なのです。このほとんど整数を発見するゲームにおける、

チート行為です。

その数学的チートはどのようになっているのかを見ていきましょう。

この式がどのように作られたかを理解するには、大学で習う高度な数学の知識が必要なので、**これから数学を好きになる予定の方は読み飛ばしてください！**

[*1] $\sinh x$ はハイパボリックサインと呼ばれる関数で、

$$\sinh x = \frac{e^x - e^{-x}}{2}$$ として定義されます。

$\sinh x$ と $\arcsin x$ をテイラー展開すると次のようになります。

$$\sinh x = x + \frac{x^3}{6} + \frac{x^5}{120} + \frac{x^7}{5040} + \cdots$$

$$\arcsin x = x + \frac{x^3}{6} + \frac{3}{40}x^5 + \frac{5}{112}x^7 + \cdots$$

x^4 の項までテイラー展開が一致しているので、$\sinh x$ は $x = 0$ 付近で $\arcsin x$ に非常に近くなることがわかります。

したがって $\sinh(\sin x)$ は $x = 0$ 付近で恒等関数 x に近くなることが予想され、実際にテイラー展開するとそれを確かめられます。

$$\sinh(\sin x) = x - \frac{x^5}{15} + \frac{x^7}{90} + \cdots$$

ここで $F(x) = x - \sinh(\cos x)$ という関数に $x = 11$ を代入することを考えます。

$\dfrac{22}{7} \fallingdotseq \pi$ であるから $11 \fallingdotseq \dfrac{7}{2}\pi$ が成り立つので、ε を 0 に近い実数として $11 = \dfrac{7}{2}\pi + \varepsilon$ とおけます。

$$
\begin{aligned}
F(11) = F\left(\frac{7}{2}\pi + \varepsilon\right) &= \left(\frac{7}{2}\pi + \varepsilon\right) - \sinh\left(\cos\left(\frac{7}{2}\pi + \varepsilon\right)\right) \\
&= \frac{7}{2}\pi + \varepsilon - \sinh(\sin\varepsilon) \\
&\fallingdotseq \frac{7}{2}\pi + \frac{\varepsilon^5}{15}
\end{aligned}
$$

さらに $F(11)$ を $F(x)$ に代入すると、

$$F(F(11)) = F\left(F\left(\frac{7}{2}\pi + \varepsilon\right)\right) \fallingdotseq F\left(\frac{7}{2}\pi + \frac{\varepsilon^5}{15}\right)$$

$$\fallingdotseq \frac{7}{2}\pi + \frac{(\varepsilon^5/15)^5}{15}$$

これによって $\frac{7}{2}\pi$ に非常に近い数を作ることができました。数値計算すると、

$$F(F(11)) \fallingdotseq \frac{7}{2}\pi + 1.23 \times 10^{-66}$$

となります。

冒頭で紹介した式は $F(F(11))$ に $\frac{2}{\pi}$ をかけたもので、ほぼ7になります。

$$\frac{2}{\pi}F(F(11)) \fallingdotseq 7 + 7.88 \times 10^{-67}$$

この手法のすごいところは繰り返し代入することで、いくらでも7に近い数を生成することが可能であるという点です。

まさに数学的チートですね。

数学者を語る②　クルト・ゲーデル

　かの大数学者ヒルベルトは、数学の命題を形式化することで数学は無矛盾であることを示そうとする試み、通称「ヒルベルト計画」を実行していました。この計画に多大な影響を与えた若き天才が、クルト・ゲーデルです。

　彼は「不完全性定理」を証明することで、当時のヒルベルト計画がヒルベルトの目的を達成するためには不十分であると示し、計画を発展させました。

　不完全性定理の内容をなるべく簡単に説明すると「（特定の体系において）証明も反証もできない命題は存在する」「無矛盾である体系は自己の無矛盾性を証明できない」といったものです。この時点で非常に難しいと思いますが、主張を正しく理解したい方は、数学のことばで書かれた論文をご覧ください。

　ウィーン大学で講師をしていたゲーデルはナチスから逃れるため、妻とともにアメリカへと移住します。彼がアメリカ市民権を取得する際に保証人となったのが、かの有名なアルベルト・アインシュタインでした。彼はアインシュタインと、数学・哲学・物理学の議論を頻繁に交わしていたそうです。

　また、市民権を得るためには合衆国憲法に関する面接を受ける必要がありました。が、面接当日にゲーデルは面接官とアインシュタインらに「合衆国憲法を破らずにアメリカが独裁国家に移行する方法を発見した」と話し、周囲を困らせた……という逸話もあります。

　「憲法の各条文が矛盾しないように構成されている」という点では、憲法はいわゆる数学の公理系に似ているとも言えます。不完全性定理を証明したゲーデルにとって、憲法は数学書のように見えていたのかもしれません。

「病的な数学」の例をあげよ

　数学と向き合っていると、たまに全く予想外なことが真実だったりすることがあります。

　特にその事実が変則的で予測できなかったり、直感にあまりにも反していたりするとき、数学クラスタたちはそれを「病的だ」と表現します。ちなみに、予想通りの答えになったときは「行儀がいい」と表現することもあります。

　この章では、数学クラスタも頭を悩ませる「病的な数学」をいくつかご紹介します。

ここでは、数学界で有名な『病的な問題』を紹介します。

LEVEL ★★

WAY 1

正方形の敷き詰め方

（@有名問題）

正方形の中に、同じ大きさの小さな正方形を詰め込みます。

面積1の小さな正方形をn個詰め込められる、一番小さな正方形の一辺の長さ$s(n)$はいくつでしょうか？

たとえば4個の場合は、縦と横に2つずつ配置すればピッタリ詰められますね。なので$s(4)$は2になります。ではこれが5個なら？23個なら？　100個を超えると……？

そんなことを考える問題です。なおsはside（辺）の頭文字です。

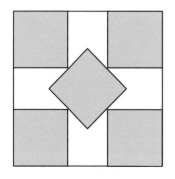
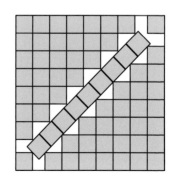

　この問題が考えられた当初は、先の図のような45°に傾けた正方形を組み合わせ、綺麗に並べるモデルが一般的でした。直感的にも規則正しく、上手く詰め込めそうですよね。

　もちろんこれが最良な場合もあるのですが、nの値によっては、あえてズラした方が$s(n)$が小さくなることがわかってきています。

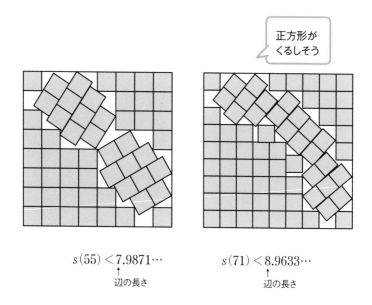

正方形が
くるしそう

$$s(55) < 7.9871\cdots$$
↑
辺の長さ

$$s(71) < 8.9633\cdots$$
↑
辺の長さ

　左が55個、右が71個の正方形を敷き詰める場合の、現時点での最適解です。まさかそんな無理矢理詰めたような方法が最適解だなんて、反直感的です。

　もしもあなたが日常で、立方体の箱をたくさん収納する場面に出くわしたら、これを参考に **少しズラして配置してみるのも良いか**もしれませんね。

WAY 2

数学錬金術

(@バナッハとタルスキー)

　時は20世紀初頭。ポーランドの数学者であるバナッハとタルスキーは、あるとんでもない定理を証明してしまいます。それが**バナッハ＝タルスキーの定理**です。この定理によると、1つの球を有限個のパーツに分割して組み替えると、同じ大きさの球を2つ作ることができるというのです。

　簡単に言うと「スイカ割りをしてバラバラになったスイカの破片をうまく組み合わせると元の大きさのスイカを2つ作ることができる」という数学的な定理です。

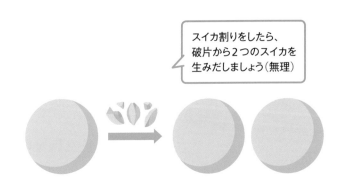

スイカ割りをしたら、
破片から2つのスイカを
生みだしましょう（無理）

どうでしょう。にわかには信じられない内容の定理ですよね。

この定理が実際に成り立つとしたら、何度割っても無限にスイカ割りが楽しめることになり、食料問題も解決ですね！　1つの球から2つの球を作り出しているので、錬金術と言い換えることもできます。この定理はあまりにも直感から外れていることから、**バナッハ＝タルスキーのパラドックス（逆説）**とも呼ばれています（実際にはパラドックスではありません）。

結論から申し上げると、

残念ながらこの定理は、現実世界では成り立ちません。

しかし数学の世界では、成り立つことが証明されています。

つまりこの定理は、

現実の世界と論理（数学）の世界が、同じではないことを示唆しているとも言えます。

ところで、本当にこの定理は成り立っているのでしょうか。バナッハ＝タルスキーの定理を証明するのは難しいですが、直感的に理解するために、次のような思考実験をしてみましょう。

2つの文字「A」と「B」のみで作られた文字列を考えます。たとえば「A」「B」「AB」「ABBA」「BABBA」「BBBBBBBB…」などです。そんな文字列を全て載せた辞書があるとしましょう。

次に、辞書に載っている文字列を「A」から始まるものと「B」から始まるものに分けて、「辞書「A」」と「辞書「B」」を新しく作ります。

辞書「A」には「A」「AA」「AAB」「ABBAA」などの「A」から始まるすべての文字列が、辞書「B」には「B」「BBA」「BAAB」「BABA」「BABBB」などの「B」から始まるすべての文字列が載っていることになります。

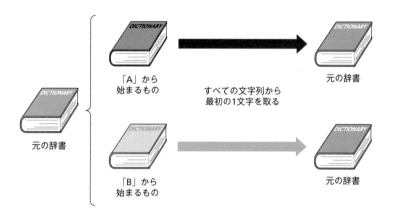

さて、辞書「A」と辞書「B」の全ての文字列から最初の一文字を取るとどうなるでしょう?

辞書「A」は頭文字の「A」が取れ、「A」「AB」「BBAA」など、「A」と「B」で構成されたあらゆる文字列が載っている、つまり元の辞書と同じものになります。

同様に辞書「B」も、頭文字の「B」を取ると「BA」「AAB」「ABA」「ABBB」など、元の辞書と等しくなります。

つまり、一つの辞書から二つの辞書が作れたということになるのです。

ちなみに、バナッハ=タルスキーの定理の証明では**選択公理**という数学的な決まりごとを用いています。

選択公理とは「空集合でない集合」の集合があったときに、それぞれの集合から1つずつ要素（元）を取り出して、新しい集合を作れますよ、ということです。辞書の思考実験では選択公理は必要ではありませんが、球の場合では複雑になるために選択公理が必要になってくるのです。

WAY **3**

武士の憂鬱

（@掛谷宗一）

1916年、日本の数学者である掛谷宗一はこんなことを考えました。

「武士たるもの、常に刀を帯びるものであり、便所に入る時でさえ刀を帯びていた。便所で応戦することになったとき、刀を振り回せるような最低限の便所の広さとはどのぐらいだろう？」

このふとした疑問は、のちに**掛谷問題**と呼ばれるようになります。

【掛谷問題】
長さ1の棒を一回転させるときに棒が通過する面積が最小となるような図形はなにか？

たとえば、この棒は直径1の円の中を一回転することができます。

　円の面積は $\frac{\pi}{4} = 0.78539\cdots$ です。これより小さい面積で一回転できるでしょうか？　少し考えてみてください。掛谷先生は次のような図形を思いつきました。

　これは正三角形の三つの頂点にコンパスを当てて描くことができる図形で、**ルーローの三角形**と呼ばれています。

　面積は $\frac{\pi - \sqrt{3}}{2} = 0.70477\cdots\cdots$ となり、円よりも少し小さくなりましたね。

　「ルーローの三角形が最小かな？」と思った掛谷先生でしたが「いやいや違うぞ！」と名乗り出たのが、掛谷先生と同じ世代の数学者である藤原先生と窪田先生の二人。なんと二人は、高さ1の正三角形の中でも棒を回せるというのです。

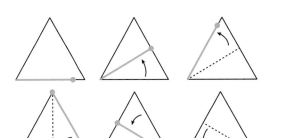

どうでしょう、この無駄の無い動き。達人のように洗練されていますね。面積は $\frac{1}{\sqrt{3}} = 0.57735\cdots$ と相当小さくなっています。事実、へこんでいない図形では正三角形が最小であることが証明されています！　そう、「へこんでいない図形」ならこれで正解です。

ですが、ここからが掛谷問題の真骨頂です。

へこんでいる図形も考えてみましょう。

実は、五芒星の中でも棒を回すことができます。

動きがヤバい

1　2　3　4

5　6　7　8

9　10　11　12

だいぶ**トリッキーな動き**になってきましたが、棒を一回転させることに成功しています。ただ、面積は 0.5877… となり、残念ながら正三角形よりも大きくなってしまいます。

しかし、諦めるのはまだ早いです。

星のとんがり（尖点）を増やしてみましょう。

五芒星の時と同様に棒が回転できることを確認してみてください。単純に尖点を増やし続ければよいというわけではありませんが、このアイデアを使った方法では面積を $\frac{\pi}{108} = 0.029…$ の近くまで小さくできるというのです!!　これはなんと最初の円の27分の1の大きさに相当します。

驚くのはまだ早いです。この後に病的な事実が待っています。

実はさらに形を変えることで、

面積をいくらでも小さくできることが証明されたのです。

いったいどんな図形なのでしょう？　それがこちらです。

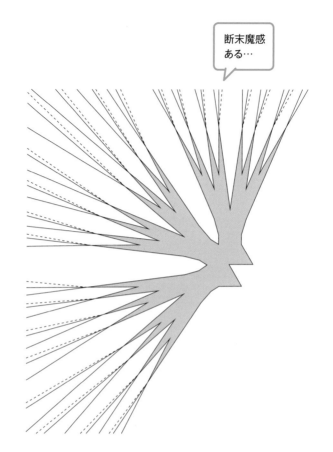

この図形は通称、**ペロンの木**[*1]と呼ばれています。一体どうやってこんな図形を思いついたんでしょうか。

少しだけ解説すると、ペロンの木の中で棒を平行移動させる際には次のような動きを取り入れています。

ペロンの木

数学では「線分には太さがない」とされています。それをうまく利用して、角度θを小さくすることでいくらでも通過面積を小さくすることができます。

現実に置き換えると、東京スカイツリーよりも長い棒でも、あなたの手のひらより小さい面積の領域で回転させられることになります。

直感的には、とてもそうは思えませんよね。

まさに「病的な数学」の名にふさわしい問題です。

[＊1]　正確にいうと、ペロンの木は通過面積を小さくしていくための極限操作の過程で得られる図形です。

モンティ・ホール問題

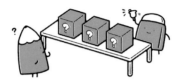

　モンティ・ホール問題とは、モンティ・ホールさんが司会者を務めるアメリカのテレビ番組で行われたゲームに関する問題です。

　3つの箱ABCがあります。3つのうち1つには車のカギが入っており、他の2つは空箱。あなたは3つの中から、1つの箱を選ぶことができ、当たりを選ぶと高級車がもらえるというゲームです。

　仮にあなたが、箱Aを選んだとしましょう。そこで司会者は、あなたが選んでいない箱Bを開けて何も入っていないことを示しました。そして司会者はあなたにこう言います。

　「今ならAからCに変えてもいいですよ」と。この時、あなたは箱を変えるべきでしょうか？　それとも変えないべきでしょうか？

　AとCのどちらか一方が正解なら、どちらを選んでも当たる確率は50%なので箱を変えても変えなくても、確率は変わらない気もします。それに、もしも選びなおしてハズレだったら悔しいですよね。じゃあいっそ、チェンジしない方が良い……？

　この確率を求めるにはいろいろな方法がありますが、最もシンプルなものを考えてみましょう。

　最初に選んだ箱からチェンジしなかった場合、3つの箱から1つを当てるので、当てる確率はもちろん$\frac{1}{3}$になります。

　一方、チェンジする場合は、最初に選んだ箱がハズレだった場合は必ず当たりを引けることになるので、当たる確率は$\frac{2}{3}$となります。つまり、チェンジした方が当たる確率が2倍になるのです。

問13
1＝2を示せ

　年に一度嘘をついても許される日、エイプリルフール。

　日ごろから数学のことを考えている数学クラスタは、もちろんエイプリルフールでも数学を使って嘘をつきます。

　数学において嘘、つまり、偽りの証明のことを偽証と呼びます。

　高度な偽証になると、一見しただけではどこが間違っているかすらわからず、そのまま間違った結論を導き出すことになります。

　これからご紹介するのは、数学クラスタたちが考えた珠玉の偽証たちです。一体どこが間違っているのか、ぜひ考えながら読んでみてください！

問13 1＝2を示せ

総いいね数 6,861
総リツイート数 2,513

今回は、1＝2の偽証で嘘のつき方を解説していきます。

LEVEL★★

WAY 1

巧みな式変形

（@有名問題）

まずは、こちらをご覧ください。

$$a = b$$
$$a^2 = ab$$
$$a^2 - b^2 = ab - b^2$$
$$(a-b)(a+b) = b(a-b)$$
$$a + b = b$$
$$a + a = a$$
$$2a = a$$
$$2 = 1$$

この証明の、一体どこが間違っているかわかりましたか？

少し考えてみましょう。

ポイントは、4行目と5行目の間です。

$$(a-b)(a+b)＝b(a-b)$$
$$a+b＝b$$

4行目から5行目にかけて、両辺を$a-b$で割っています。

しかし1行目に

$$a＝b$$

と書いているので、$a-b＝0$なので両辺を0で割っていることになります。これによって、その後の式に矛盾が生じているのです。

数学では0で割ってはいけないという掟があり、電卓で0除算（0で割ること）をするとエラーが出るようになっています。過去にアメリカ海軍がイージス艦に搭載されたプログラムを操作していた際に、誤って0除算を実行してしまったことによってシステムが麻痺。主機が完全に停止し、カリブ海を二時間も漂流した……なんて事件もあるそうです。

学校のテストでも減点の対象とされ、

ゼロ除算は全人類の目の敵なのです。

ところで、なぜ0で割ってはいけないのでしょうか?

　仮に$1 \div 0$の答えをxとおいてみましょう。割り算は掛け算の逆算として定義されているので、これは

$$1 \div 0 = x \Leftrightarrow 1 = x \times 0$$

のように変形できます。どんな数でも0をかけると0になるので、0をかけて1になる数xは存在しません。しかしここでは、$1 = x \times 0$をみたすxを無理やり定義してみよう。

　すると、

$$
\begin{aligned}
1 &= x \times 0 \\
&= x \times (0 + 0) \\
&= (x \times 0) + (x \times 0) \\
&= 1 + 1 \\
&= 2
\end{aligned}
$$

1＝2というとんでもない式が成り立ってしまいます。
両辺に1を足していけば

$$2 = 3、3 = 4、4 = 5 \quad \cdots$$

とすべての自然数が等式で結ばれるという緊急事態。

これはまずいぞ。恐るべし、ゼロ除算。

LEVEL ★★★

WAY 2

微分の罠

（@有名問題）

$$\underbrace{x + x + \cdots + x + x}_{x\,\text{が}\,x\,\text{個}} = x^2$$

両辺微分して、

$$\underbrace{1 + 1 + \cdots + 1 + 1}_{1\,\text{が}\,x\,\text{個}} = 2x$$

$$x = 2x$$

$$1 = 2$$

関数 $f(x) = x$ を微分すると、$f'(x) = 1$、$g(x) = x^2$ を微分すると、$g'(x) = 2x$。それを考えると、何となくこの証明が正しいような気がしてしまいますよね。

一見正しいようにみえるこのトリックの種は、左辺の「x個」というものを定数のように扱っていることです。

xを微分した1を単純にx回足し合わせればいいのではなく、実際には「x個」のxは変数なのでこれを考慮する必要があります。

関数を微分するとは、その関数の傾きを求めることです。「xがx個」という関数のグラフが描けない以上、そもそもこの関数を微分することもできないので、この証明は成り立ちません。

WAY 3

ビジュアルトリック

(@有名問題)

1辺が1の正三角形を考える。黒線の長さの合計は、1＋1＝2。

> 続けていくと
> やがて線に重なる

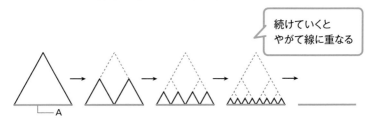

図のように、正三角形の頂点を下側に織り込んでいく。同じ形を下側に織り込んでいくので、黒線の長さの合計は2で変わらない。これを無限に続けると、やがて下の青線Aに重なっていく。青線Aの長さは1なので1＝2。

どうでしょう、直感的には

「あれっ、2が1になっちゃった」

と感じた方もいるのではないでしょうか？　しかし、実際は誤りです。黒い線は青線Aに近付いていくように見えますが、実際はどんなに織り込んでも重なることはなく、1＝2は成り立ちません。

同様に、次のような偽証もあります。

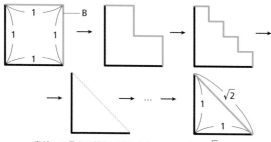

青線Bの長さの総和は変わらないので $2 = \sqrt{2}$

こちらの偽証は、正四角形の右上の頂点を内側に織り込んでいくものです。

同じように、織り込んでいくので、織り込まれる青線Bの長さの合計は2で変わらない。そして、二等辺三角形になっていくので、二辺の長さが1の二等辺三角形のもう一辺の長さは $\sqrt{2}$。よって、$2 = \sqrt{2}$になる。

もちろん、これが偽証であることは言うまでもありません。ただ、

「それっぽく見えちゃう」感じはありますよね？

「ビジュアルトリック」の名にふさわしい

「大胆な嘘」です。

指数タワーの罠

(@有名問題)

x の肩に x が無限に乗り続けた関数 $f(x)$ を考える。

$$f(x) = x^{x^{x^{x^{x^{x^{x^{x^{x^{.^{.^{.}}}}}}}}}}$$

一番下にある x の肩に乗っている x たちも $f(x)$ になるので、

$$f(x) = x^{f(x)}$$

が成り立つ。ここで $f(x) = 2$ とすると、$2 = x^2$ より $x = \sqrt{2}$ はこれを満たすので、

$$2 = \sqrt{2}^{\sqrt{2}^{\sqrt{2}^{\sqrt{2}^{\sqrt{2}^{.^{.^{.}}}}}}}$$

であり、$f(x) = 4$ とすると、$4 = x^4$ より $x = \sqrt{2}$ はこれを満たすので、

$$4 = \sqrt{2}^{\sqrt{2}^{\sqrt{2}^{\sqrt{2}^{\sqrt{2}^{.^{.^{.}}}}}}}$$

したがって

$$\sqrt{2}^{\sqrt{2}^{\sqrt{2}^{\sqrt{2}^{\sqrt{2}^{.^{.^{.}}}}}}} = 2 = 4$$

両辺を2で割って、$1 = 2$

このような結果が得られた理由は $f(x)$ の値域にあります。実は $f(x)$ の値域は $0 < f(x) \leqq e$ （$= 2.718\cdots$）となるので $f(x) = 4$ という数はとりえないのです。したがって $2 = \sqrt{2}^{\sqrt{2}^{\sqrt{2}^{\sqrt{2}^{.^{.^{.}}}}}}$ が成り立つ

ても、$4 = \sqrt{2}^{\sqrt{2}^{\sqrt{2}^{\sqrt{2}^{\sqrt{2}^{\cdot^{\cdot^{\cdot}}}}}}}$　は成り立ちません。

　$f(x)$ の値域について調べるには次のように考えてみましょう。

　ここからは少し難しいので、**数学に自信のある方**はチャレンジしてみてください。

　では $a^{a^{a^{a^{\cdot^{\cdot^{\cdot}}}}}}$ について調べるために $y = a^x$ と $y = x$ の2つの関数を用意します。

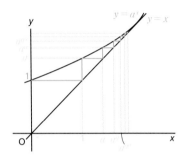

　$(0, 1)$ から2つのグラフの間をギザギザに進んだ先が $a^{a^{a^{a^{\cdot^{\cdot^{\cdot}}}}}}$ の極限になるので、2つのグラフのひとつ目の交点、すなわち $x = a^x$ の小さい方の解が $a^{a^{a^{a^{\cdot^{\cdot^{\cdot}}}}}}$ の収束先になるというわけです。

　つまり2つのグラフが $x > 0$ で交点を持つときに $a^{a^{a^{a^{\cdot^{\cdot^{\cdot}}}}}}$ は収束し、そのような a の範囲は $0 < a \leqq e^{\frac{1}{e}}$ となるため、これから値域を求めることができます。

不定積分の罠

(@TakatoraOfMath)

次の不定積分を部分積分する。

$$I = \int \frac{1}{x \log x} dx$$

$$= \int (\log x)' \frac{1}{\log x} dx$$

$$= \log x \cdot \frac{1}{\log x} - \int \log x \cdot \left\{ -\frac{1}{(\log x)^2} \right\} \cdot \frac{1}{x} dx$$

$$= 1 + \int \frac{1}{x \log x} dx$$

$$= 1 + I$$

$$\therefore \quad I = 1 + I$$

両辺に $1 - I$ を加えて、$1 = 2$

この議論では**絶対に忘れてはいけないあれ**を忘れてしまっているがゆえに $1 = 2$ という誤った結果が導き出されています。

不定積分において絶対に忘れてはいけないもの、皆さんもうおわかりですよね？　そう**積分定数**です。

不定積分は潜在的に定数分のズレを含んでおり、その定数分のズレを示すのが積分定数です。したがって、$I = 1 + I$ という等式は I に定数分のズレが含まれているため、正しい式となりますが、ここから定数分のズレを含んだ I を両辺から引いて $1 = 2$ としてしまうのは誤りなのです。

$\tan x$ でも同様の式変形ができます。

$$I = \int \tan x \, dx$$
$$= \int \frac{\sin x}{\cos x} dx$$
$$= \int (-\cos x)' \frac{1}{\cos x} dx$$
$$= -\cos x \cdot \frac{1}{\cos x} + \int \cos x \cdot \frac{\sin x}{\cos^2 x} dx$$
$$= -1 + \int \tan x \, dx$$
$$= -1 + I$$

よく忘れられがちで影の薄い積分定数 C さんですが、忘れると とんでもない式が成り立ってしまう場合があります。

積分定数を忘れないようにしましょう。

WAY **6**

交代級数

(@sinon4k)

次のように整数の逆数を交互に足し引きした数 A を考える。

$$A = 1 - \frac{1}{2} + \frac{1}{3} - \frac{1}{4} + \frac{1}{5} - \frac{1}{6} + \cdots$$

和の順番を入れ替えて、

$$A = \left(1 - \frac{1}{2}\right) - \frac{1}{4} + \left(\frac{1}{3} - \frac{1}{6}\right) - \frac{1}{8} + \left(\frac{1}{5} - \frac{1}{10}\right) - \frac{1}{12} + \cdots$$

$$= \frac{1}{2} - \frac{1}{4} + \frac{1}{6} - \frac{1}{8} + \frac{1}{10} - \frac{1}{12} + \cdots$$

$$= \frac{1}{2}\left(1 - \frac{1}{2} + \frac{1}{3} - \frac{1}{4} + \frac{1}{5} - \frac{1}{6} + \cdots\right)$$

$$= \frac{A}{2}$$

よって、$A = \dfrac{A}{2}$ より $1 = 2$

これは難しい偽証です。

狐につままれたような感覚の方も多いかと思います。

　この証明の誤りを指摘するには大学数学の知識が必要です。実は数学には「各項の絶対値の和が収束しない級数の足す順序を入れ替えてはいけない」というルールがあるのです。

　この偽証のように無限級数を有限級数のように扱い、和の順序を入れ替えたりすると、1＝2が導かれるなどの矛盾に遭遇することがあります。

　そういわれても腑に落ちない方が多いと思います。事実、18世紀の数学者たちはこのルールに気づくまで非常に悩まされました。

　普段みなさんが計算している「有限の項の足し算」のルールは「無限の項の足し算」では通用しないといったニュアンスで捉えていただければOKです。

　今回の場合、Aは収束して（なんと）$\log 2$という有限の値に収束しますが、$|A|$は調和級数となって無限大に発散してしまいます。したがって足す順番を入れ替えたことがそもそもの誤りなのです。
　ちなみに各項の正負が入れ替わる級数を**交代級数**と呼び、Aは最も有名な交代級数で**メルカトル級数**と呼ばれています。

$$A = 1 - \frac{1}{2} + \frac{1}{3} - \frac{1}{4} + \frac{1}{5} - \frac{1}{6} + \cdots = \log 2$$

$$|A| = 1 + \frac{1}{2} + \frac{1}{3} + \frac{1}{4} + \frac{1}{5} + \frac{1}{6} + \cdots \to \infty$$

この偽証を逆に利用すると、

|A|が収束すると仮定して式変形をすると1＝2が導かれた。これは矛盾なので背理法により|A|は発散する。

　といったように|A|すなわち調和級数が発散することを証明することができます。

　和が収束する級数のうち、絶対値が発散するAのような級数を条件収束級数と呼び、絶対値も収束する級数は絶対収束級数と呼ばれます。
　繰り返すと、絶対収束級数は和の順序を入れ替えても同じ値に収束して、条件収束級数は和の順序を入れ替えると異なる値に収束します。

ややこしいですね。

しかし、嫌なことばかりではありません。

　「条件収束級数の和の順序をうまく入れ替える（再配列する）ことにより、その級数を好きな実数に収束させることができる」というロマンある定理、**リーマンの再配列定理**というものも存在します。

筆者はこの定理が大好きです♡

不思議な図形の例をあげよ

　愛と憎しみ、尊敬と嫉妬などの相反するうらはらの感情や態度が両立する状況は、心理学の言葉で「アンビバレンス」と呼ばれます。

　この章では無限と有限という相反するふたつの状態がひとつの図形に併存し、体現されたアンビバレントな図形をご紹介していきたいと思います。

　パラドックスのようにも思える不思議な図形たちの世界をお楽しみください。

— WAY **1** —

メンガーのスポンジ

(@メンガー)

こちらのスポンジをご覧ください。

提供：Science Photo Library／アフロ

こちらは**メンガーのスポンジ**と呼ばれており、普通のスポンジではありません。

表面積が無限大になっているのです。

水を効率よく吸収するために植物の根に根毛がついているように、水に触れる表面積が大きいほど吸水能力は向上します。メンガーのスポンジは表面積が無限大なので、もし水をこぼしても一瞬で吸収することが可能となっています。

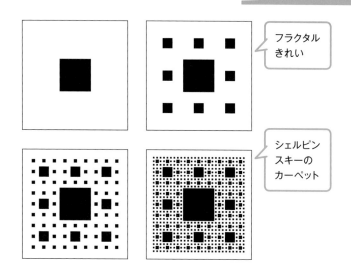

フラクタル
きれい

シェルピン
スキーの
カーペット

　メンガーのスポンジは図のように、四角い穴の外側に小さい穴を空け、その外側にさらに小さい穴を空け……という作業を無限に繰り返して作られています。そのためスポンジ全体とその一部が同じ形である**フラクタル**（**自己相似**）な図形となっています。

こんなスポンジがあれば
大ヒット間違いなし！

　……なのですが一つ大きな難点があります。穴を空ければ空けるほど体積は0に近づいていくので、永遠に穴をあける作業を繰り返したメンガーのスポンジは三次元に存在することはできません。
　したがって、
　残念ながらこの商品をお求めいただくことはかないません。

～～～～ WAY 2 ～～～～
ガブリエルのラッパ
(@トリチェリ)

　ガブリエルのラッパは有限の体積と無限の表面積を併せ持った3次元の物体です。

　その不思議さから、笛を吹く大天使であるガブリエルの名前を冠しています。他にも、最初にこの図形を発見したイタリアの数学者の名前をとって、**トリチェリのトランペット**とも呼ばれています。

吹きたいけど
吹けない

　このラッパは有限の体積をもつため、ある有限の量のペンキでガブリエルのラッパを満たすことができるように思えますが、無限の表面積をもつので、このラッパの表面にペンキを塗るには**どれだけペンキがあっても足りない**ようにも思えます。

　有限の体積と無限の表面積を併せ持つといわれてもイメージしづらいですよね。

　なぜこのような不思議な現象が起こるのかを、数式で解明していきましょう。

ガブリエルのラッパは「$y = \dfrac{1}{x}$ の $1 \leqq x$ の部分を x 軸の周りに回転させた図形」として定義されます。

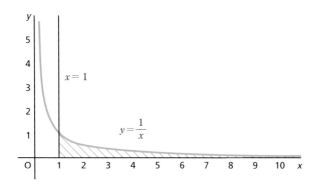

さて、回転体の体積と側面積の公式を使ってそれぞれを計算してみましょう。大学入試レベルの数学が要求されるので、読めそうな方は気合を入れて読んでみてください。

回転体の体積・側面積の公式

$y = f(x)$, $x = a$, $x = b$, x 軸で囲まれた部分を x 軸の周りに回転させてできる回転体の体積 V と側面積 S は

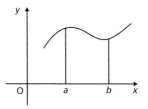

$$V = \pi \int_a^b \{f(x)\}^2 \, dx$$

$$S = 2\pi \int_a^b f(x) \sqrt{1 + \{f'(x)^2\}} \, dx$$

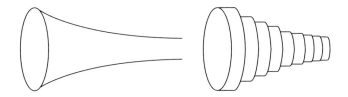

この公式を使って体積(ラッパの容積)を求めると、

$$V = \pi \int_1^\infty \left(\frac{1}{x}\right)^2 dx = \lim_{n \to \infty} \pi \int_1^n \left(\frac{1}{x}\right)^2 dx = \lim_{n \to \infty} \pi\left(-\frac{1}{n} + 1\right) = \pi$$

よって、体積はπ。有限の値になります。

問題は表面積です。本当に表面積は無限大に発散するのでしょうか？

表面積Sについて公式より、次のようになります。

$$S = 2\pi \int_1^\infty \frac{1}{x} \sqrt{1 + \left(-\frac{1}{x^2}\right)^2} \, dx$$

ラッパの表側と裏側がありますが、片側だけ考えています。

この式が無限大に発散することを証明することが目標なので、下からおさえましょう。

$$2\pi \int_1^\infty \frac{1}{x} \sqrt{1 + \left(-\frac{1}{x^2}\right)^2} \, dx > 2\pi \int_1^\infty \frac{1}{x} \sqrt{1 + 0^2} \, dx$$

$$= 2\pi \int_1^\infty \frac{1}{x} dx = \lim_{n \to \infty} 2\pi \int_1^n \frac{1}{x} dx = \lim_{n \to \infty} 2\pi \log n \to \infty$$

本当に無限大に発散しています。このラッパを実際に作るのは不可能ですが、**理論上でこのような物体が存在しえる**というのは信じがたい事実ですね。

LEVEL ★★★★

～ WAY **3** ～

正方形の面積と辺の長さの和

(@有名問題)

　P155でもご紹介したように、自然数の逆数和である**調和級数**は無限大に発散することが知られています。では、自然数を二乗した数、平方数の逆数和はどうなるでしょうか？

$$\sum_{k=1}^{\infty}\frac{1}{k^2} = \frac{1}{1^2} + \frac{1}{2^2} + \frac{1}{3^2} + \frac{1}{4^2} + \frac{1}{5^2} + \frac{1}{6^2} + \cdots = \ ?$$

　この問題は有名な超難問で、**バーゼル問題**と呼ばれています。

　実は調和級数と違い、バーゼル問題は2より小さい値に収束します。このことは以下のように証明できます。

[証明]

$$\sum_{n=1}^{\infty}\frac{1}{n^2} = 1 + \sum_{n=2}^{\infty}\frac{1}{n^2} < 1 + \sum_{n=2}^{\infty}\frac{1}{n(n-1)} = 1 + \sum_{n=2}^{\infty}\left(\frac{1}{n-1} - \frac{1}{n}\right) = 2$$

　しかし、どんな値に収束するかを解くのは非常に難しい問題でした。

　どれほど難しいのかというと、1644年にこの問題が提起されてから数学界の巨頭であるレオンハルト・オイラーによって解かれるまでに100年近くもかかったほどです。

その結果は、

$$\sum_{n=1}^{\infty} \frac{1}{n^2} = \frac{\pi^2}{6}$$

となります（これを用いれば円周率を求めることができます）。

$$\sum_{k=1}^{\infty} \frac{1}{k} = \frac{1}{1} + \frac{1}{2} + \frac{1}{3} + \frac{1}{4} + \frac{1}{5} + \frac{1}{6} + \cdots \to \infty$$

$$\sum_{k=1}^{\infty} \frac{1}{k^2} = \frac{1}{1^2} + \frac{1}{2^2} + \frac{1}{3^2} + \frac{1}{4^2} + \frac{1}{5^2} + \frac{1}{6^2} + \cdots = \frac{\pi^2}{6}$$

最後に、これら二つの級数を使って面白い図形を作ることができます。一辺の長さが $\frac{1}{k}$ の正方形を、左から順に並べていった図形を考えます。

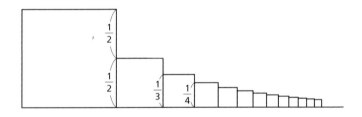

面積は $\sum_{k=1}^{\infty} \frac{1}{k^2}$ なので $\frac{\pi^2}{6}$ となりますが、その周の長さは $2 + 2\sum_{k=1}^{\infty} \frac{1}{k}$ で表せるので発散します。

つまり、面積は有限なのに周の長さは無限という不思議な図形になるのです。

問15
満室の無限ホテルの部屋を空けよ

　「無限」という概念が考えだされた当初、一体無限とは何なのか、明確に説明できる者はいませんでした。ドイツの数学者であるダフィット・ヒルベルトは、無限という概念を理解することがいかに難しいものなのかを示すため、無限ホテルという有名な思考実験を行いました。

　次のページから、この思考実験を紹介します。無限の世界をお楽しみください。

ある場所に、無限ホテルというホテルがありました。無限ホテルとはその名の通り、客室が無限にあるホテルのことです。ある日、この無限ホテルには無限人の客が泊まっており、満室状態でした。そこへ1人の男が「泊めてくれ」と訪ねてきました。

　支配人はしばらく悩みましたが、次のような名案を思い付きます。

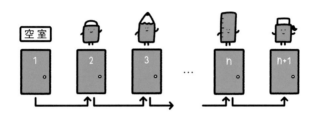

　1号室の客に2号室へ移動してもらい、2号室の客に3号室へ、3号室の客は4号室へ、4号室の客は5号室へ、そしてn号室の客は$n+1$号室へ移動してもらいます。
　すると1号室は空き部屋となり、無事に男は泊まることができました。

　客室が100個しかない有限ホテルならば、このような議論は通用しません。なぜなら99号室の客が100号室へ移動できても、100号室の客は存在しない101号室に移動できるはずがないからです。
　しかし、無限ホテルの場合はこれが可能です。客室が無限にあるので、nがどんな数字でもn号室の客が移動する$n+1$号室が存在するからです。

　簡単に言うと、無限ホテルでは$\infty = \infty + 1$が成立するためにこのような議論が通用するのです。

　別の日、またこのホテルは満室でしたが、100人の乗ったバスが
ホテルの前に止まり、「泊めてくれ」と言いました。

　支配人はしばらく悩みましたが、次のような名案を思い付きます。

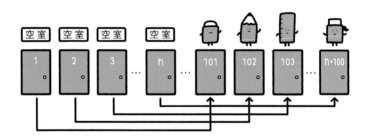

　1号室の客に101号室へ移動してもらい、2号室の客に102号室
に移動してもらい、3号室の客は103号室へ、4号室の客は104号
室へ、n号室の客は$n+100$号室へ移動してもらいます。

　すると1から100号室は空き部屋となり、無事100人の団体は泊
まることができました。

　これも先ほどと同様、$\infty = \infty + 100$が成り立つからこそ通用す
るアイデアです。

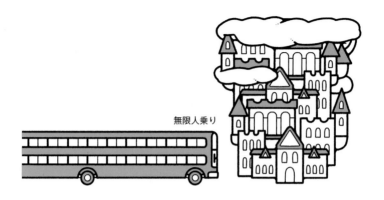

無限人乗り

　別の日、またまたこのホテルは満室でしたが、無限人が乗ったバスがホテルの前に止まり「泊めてくれ」と言いました。

　支配人はしばらく悩みましたが、次のような名案を思い付きます。

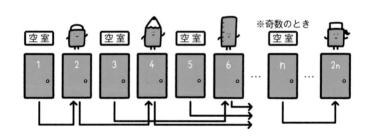

※奇数のとき

　1号室の客に2号室へ移動してもらい、2号室の客に4号室へ、3号室の客は6号室へ、4号室の客は8号室へ、n号室の客は$2n$号室へ移動してもらいます。つまり、自分が泊まっている番号の2倍の部屋に移動してもらったのです。

　すると1, 3, 5, 7, 9, …, $2n-1$, …号室、つまり奇数号室は空き部屋となります。

m番目にバスから降りた人に$2m-1$号室へ移動してもらえば、見事バスに乗った無限人の団体は全員泊まることができます。

　端的に言うと、$\infty = 2 \times \infty$が成立するからこそ通用するアイデアです。

　さて、ここからが本題です。

　別の日、いつも通りホテルは満室でしたが、無限人が乗ったバスが無限台やってきて、「泊めてくれ」と言いました。

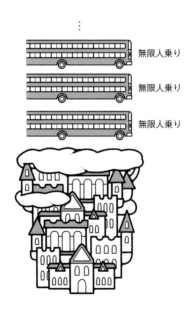

　これにはさすがの支配人も困ってしまいました。あなたならどうしますか？

総いいね数 1,771
総リツイート数 317

LEVEL ★★★

WAY 1

素因数分解の一意性

(@有名問題)

① 現在泊まっている人たちの部屋番号を n として、n 号室の人に 2^n 号室に移動してもらう。

② 来たバスに対して、$3, 5, 7, 11, 13, \cdots$ のように奇素数を割り振る。

③ 各バスの乗客に対して $1, 2, 3, \cdots$ と自然数を割り振る。

④ 乗客には（バスの番号）$^{(自分の番号)}$ 号室へと移動してもらう。

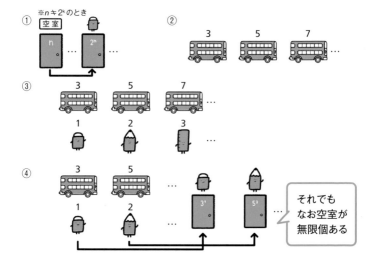

それでもなお空室が無限個ある

　この方法では**素因数分解の一意性**という算術の基本定理を巧みに使って乗客を全員ホテルへ泊まらせることに成功しています。素因数分解の一意性とは、2以上のある自然数は素数の積でただ1通りに表せるという定理です。

　中学・高校ではこの定理が成り立つことが当然であるかのように教わった人も多いと思いますが、これは当たり前ではなく整数の重要な性質です。整数を複素数へ拡張した世界では一意性が成り立たないような場合もあるのです。

　素数のべき乗は他の素数のべき乗と同じ数にならないという、当たり前のようで当たり前ではない根拠のもとにこの方法は成り立っています。

　また、6や12などの複数の素数を素因数にもつ合成数の番号の部屋はすべて空室になっているため、無限人が乗った無限台のバスの乗客全員を泊めてもなおまだ無限個の部屋が空室になっています。

ルームサービスを行う際には、ほとんどの部屋が空室となっているので大変かもしれません。

~~~ WAY **2** ~~~

整列して点呼

（@Shousha_11235）

① 現在 n 号室に宿泊している人たちに $2n$ 号室へ移動してもらう。

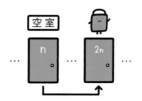

② ①によって奇数号室が無限個空くので、それらの空き部屋に新しく 1, 2, 3…と番号を割り振る。

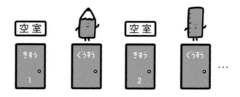

③ バスできたお客さんに下図のように並んでもらう。

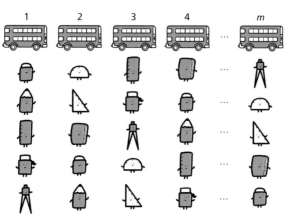

④ ③のお客さんに図のように左上から点呼して番号を割り振り、
該当する番号の部屋へ宿泊してもらう。

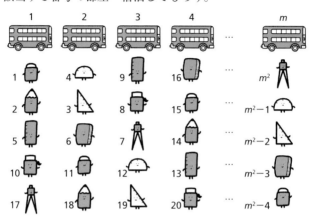

数式で表すと、m号車のバスに乗っているn人目の人は、

(i) $n \leqq m$ のとき $m^2 - n + 1$

(ii) $n > m$ のとき $(n-1)^2 + m$

の番号の部屋へ行けばよいということです。

このときm号車のバスに乗っているn人目の人は、ただ1つの部
屋が与えられ、逆にある自然数の番号の部屋にはただ1人の人が泊
ることになります。これを**全単射**と呼びます。

空き部屋を作ることなくお客さんを入れることに成功しているの
で、ホテル側としては管理がしやすく、発案者のホテルマンは几帳
面な性格といえるでしょう。

しかし、人を並べる際に無限のスペースを必要とするので、それが難点です。

WAY 3

文字列の割り振り

(@GoogologyBot)

① バスを1号車、2号車、3号車…として、便宜上ホテルを0号車とする。

② m号車のバスに乗っているn人目の人に「010101…010000…00」という文字列を割り振る。
ただし、この文字列は01がm個連続した後に0がn個連続で並んだ文字列である。

③ 文字列の長さが短い順に並んでもらい、同じ長さの時は辞書的順序で並んでもらう。

すると、全体が一列にそろうのでそのまま順番にホテルに入ってもらう。

複雑に渋滞したバスの中で混雑した人々が、いつの間にかきれいに一列に整列しています。
この方法のすごい点は、文字列の割り振り方を工夫することで、無限人の人が乗った無限台のバスが、さらに無限セット来ても対応が可能だということです。
この素晴らしい方法の発案者は、敏腕ホテルマンとして雇われるに違いありません。

無限人の人が泊まっているので、無限の賃金をもらうことができるでしょう。

問16
とにかく大きい数をあげよ

人間というのは、大きいものが好きな生き物です。多くの男の子が巨大ロボットにロマンを感じるでしょうし、古くにも旧約聖書には「バベルの塔」というお話があります。人間が天まで届く塔を作り、神様の怒りを買うお話です。

現在でも超高層タワーは世界中で作られており、各国がタワーの高さで自分たちの経済力を表そうとしています。

そしてそれは、数学でも同じです。大きい数にロマンを感じるのは自然の摂理と言えるでしょう。数学では、とにかくデカい数のことを巨大数と呼び、世の中には巨大数に魅せられた人たちが多く存在します。彼らは人類がいまだ見たことのない大きな数を求めて、無限に続く数直線の上を進んでいきます。いうなれば「数の旅人」です。

この章ではあなたも数の旅人の一員となって、先人たちが切り開いてきたさまざまな巨大数たちを見ていきましょう。
※ちなみに無限は「数」ではなく「概念」なので今回は対象外です。

LEVEL ★★ — — — — — WAY 1 — — — — —

大きな数

(@有名問題)

1

10

100

1000

> バベルの塔をのぼる
> ように、大きな数を
> 列挙していきます

10^4 $= 10000$

　　　…現在日本で使われている、

　　　　一番大きな紙幣は一万円札

10^{14} $= 100000000000000$

　　　…100兆円 ≒ 日本の国家予算

10^{16} 京

6.02×10^{23} アボガドロ定数

　　　0.012 kgの炭素（^{12}C）に含まれる原子の数

10^{60} 那由他

10^{63} 宇宙を埋め尽くすのに必要な砂粒の数（古代ギリシャ
　　　の数学者アリスタルコスが見積もった上限の数）

10^{64} 不可思議

10^{68} 無量大数

4.4×10^{360783}

無限の猿の定理で『ハムレット』が出力されるまでの文字数

※無限の猿の定理とは、猿がキーボードを十分長い時間ランダムに叩き続ければ、いつかはシェイクスピアの作品を打ち出すという定理

$2^{82589933} - 1$

2020年現在知られている最大の素数

$10^{7 \times 2^{122}}$

不可説不可説転

…仏典に現れる最大の数

$10^{10^{10^{122}}}$

物理学者が見積もった宇宙全体の大きさ（単位が光年でもメートルでも誤差程度の大きさ）

$10 \uparrow\uparrow 10$　　デッカー

↑はクヌースの矢印表記

$3 \uparrow\uparrow\uparrow 3$　　トリトリ

⋮

想像を

絶するほどの差

⋮

g_{64}

グラハム数…数学の証明で用いられた数で最大の数としてギネスブックに登録された数

指数関数

(@有名問題)

　指数関数とは「aをb回かける」という操作をa^b（aのb乗　と読む）と表したものです。

$$a^b = \underbrace{a \times a \times a \times a \times \cdots \times a}_{b個}$$

　aとbの組み合わせによっては大きい数を表すことができ、いわゆる天文学的数字はすべて指数関数で表すことができます。

[指数関数が現れる例]

　一般的なコピー用紙（厚さ$0.09\,\mathrm{mm}$）をn回折ったときの厚みt [mm]は次のように変化します。

n [回]	0	1	2	3	4	5	6
t [mm]	0.09	0.18	0.36	0.72	1.44	2.88	5.76

これを式にすれば

$$t = 2^n \times 0.09 \, [\mathrm{mm}]$$

となり、指数関数2^nが登場します。

$n = 0$ のとき $0.09\,\mathrm{mm}$　コピー用紙

$n = 10$ のとき $9.2\,\mathrm{cm}$　はがきの横の長さ

$n = 14$ のとき $1.47\,\mathrm{m}$　人の身長

$n = 19$ のとき $47.2\,\mathrm{m}$　平等院鳳凰堂の幅

$n = 22$ のとき $377\,\mathrm{m}$　東京タワー（$333\,\mathrm{m}$）

$n = 23$ のとき $755\,\mathrm{m}$　スカイツリー（$634\,\mathrm{m}$）

$n = 24$ のとき $1510\,\mathrm{m}$　ブルジュ・ハリファ
　　　　　　　　　　　　（$829.8\,\mathrm{m}$）

$n = 31$ のとき $193\,\mathrm{km}$　地上から宇宙に達す
　　　　　　　　　　　　る距離（$100\,\mathrm{km}$）

$n = 42$ のとき $395824\,\mathrm{km}$　地球と月の距離
　　　　　　　　　　　　　　（約 $384400\,\mathrm{km}$）

つまり、なんでもないコピー用紙でも42回折れば月に到達するのです。このように、恐ろしいスピードで大きくなっていく様子を**指数関数の爆発性**といいます。

また、観測可能な宇宙の大きさも指数関数で表すことができ、1.0×10^{27} m だといわれています。誰もが一度は聞いたことがある**無量大数**は 10^{68} です。

それよりも大きな数を表したいのなら**合成関数**の考え方を使いましょう。合成関数とは、関数に関数を代入した新しい関数のことで、指数関数に指数関数を代入すると次のようになります。これは a の（b の c 乗）乗と読みます。

$$a^{b^c}$$

合成関数は基本的に右から計算するというルールなので、例えば、

$$2^{3^2} = 2^9 = 512$$

のようになります。

仏典に記された数詞の中で最も大きなものは不可説不可説転 $10^{7 \times 2^{122}}$ です。

さらに大きな数を求めているのなら、何度も合成してみましょう。

$(a$のaのaのaのaのaのaのa乗乗乗乗乗乗乗$)$

声に出して読みにくいですね。

このあたりから**人間の大きさの感覚ではついていけなくなってきます**。

たとえばa^{a^b}はa^bに比べて非常に大きいので、a^{a^b}に対してa^bは無視できるとしましょう。

このとき$c = a^{a^{a^b}}$とおいて、c^cを考えてみます。

$$c^c = \left(a^{a^{a^b}}\right)^{a^{a^{a^b}}} = a^{\left(a^{a^b} \times a^{a^{a^b}}\right)} = a^{a^{\left(a^b + a^{a^b}\right)}} \fallingdotseq a^{a^{a^{a^b}}} = a^c$$

つまり、$a \fallingdotseq c = a^{a^{a^b}}$という結果になってしまうのです。

このように、現実的に計算不可能なレベルの数値を考える際には、人間の大きさの感覚はあてになりません。このことを、**指数タワーのパラドックス**と呼びます。

~~~~~~~~~~~~~~~ WAY 3 ~~~~~~~~~~~~~~~

テトレーション

(@有名問題)

掛け算は足し算の繰り返しによって定義することができます。

$$a \times b = \underbrace{a + a + \cdots + a + a}_{b\text{個}}$$

続いて冪算（べきざん）（**指数関数**）は掛け算の繰り返しによって定義することができます。

$$a^b = \underbrace{a \times a \times \cdots \times a \times a}_{b\text{個}}$$

先ほどのページでは、指数関数を用いることで、宇宙より大きな数を得られることがわかりました。

そんな指数関数ですら表せないような大きな数を表したい場合は、**クヌースの矢印表記**が便利です。

クヌースの矢印表記では、

$$a^b = a \uparrow b$$

と表記します。これは冪算を繰り返す際に、余計なスペースを取らせないようにするためです。そして次のように**テトレーション**という演算を定義します。

テトレーションは矢印を二つ用いて表し、**冪算の繰り返し**によって定義されます。

$$a \uparrow\uparrow b = \underbrace{a \uparrow a \uparrow \cdots \uparrow a \uparrow a}_{b\text{個}} = \underbrace{a^{a^{\cdot^{\cdot^{a^a}}}}}_{b\text{個}}$$

　ただし、計算を行う際は右から計算していくというルールがあります。

（例）

$$2↑↑3 = 2↑2↑2 = 2↑4 = 16$$
$$2↑↑4 = 2↑2↑2↑2 = 2↑2↑4 = 2↑16 = 65536$$

　テトレーションによって、指数関数では得られないレベルの数を得ることができます。

　しかも $7^{7^{7^{7^{7}}}}$ と書くよりも $7↑↑6$ と書いた方がシンプルで、省スペース化に貢献できます。

　ちなみに宇宙の大きさ：$10^{10^{10^{122}}}$ は $10↑↑4$ よりも大きく、$10↑↑5$ よりも小さいです。$10↑↑5$ よりもはるかに大きい $10↑↑10$ には、**デッカー**という名前が付けられています。

　さて、そんなテトレーションで表記できるレベルをさらに超えた数を得るためにはどうすればよいでしょうか？

答えは非常にシンプルです。そう、**テトレーションを繰り返せば
いいのです。**

$$a\uparrow\uparrow\uparrow b = a\uparrow\uparrow a\uparrow\uparrow\cdots\uparrow\uparrow a\uparrow\uparrow a$$

これを**ペンテーション**と呼び、矢印3つで表します。これもテト
レーションと同様、右から順番に計算します。さらに矢印をふやし
ていくこともできます。

$$a\uparrow\uparrow\uparrow\uparrow b = a\uparrow\uparrow\uparrow a\uparrow\uparrow\uparrow\cdots\uparrow\uparrow\uparrow a\uparrow\uparrow\uparrow a$$

$$a\uparrow\uparrow\uparrow\uparrow\uparrow b = a\uparrow\uparrow\uparrow\uparrow a\uparrow\uparrow\uparrow\uparrow\cdots\uparrow\uparrow\uparrow\uparrow a\uparrow\uparrow\uparrow\uparrow a$$

$$a\uparrow\uparrow\uparrow\uparrow\uparrow\uparrow b = a\uparrow\uparrow\uparrow\uparrow\uparrow a\uparrow\uparrow\uparrow\uparrow\uparrow\cdots\uparrow\uparrow\uparrow\uparrow\uparrow a\uparrow\uparrow\uparrow\uparrow\uparrow a$$

ここまでくると今度は矢印を書くのに疲れてきたので、連続した
n本の$\uparrow$を$\uparrow^n$と表すことにします。

$$a\uparrow^n b = a\uparrow^{n-1} a\uparrow^{n-1}\cdots\uparrow^{n-1} a\uparrow^{n-1} a$$

これはもう想像を絶する数です。宇宙よりはるかに大きいので、
何かに比喩することすらかないません。

　現代巨大数論の父と言われるアメリカの巨大数研究者、ジョナサ
ン・バウアーズは

「10↑↑↑↑↑↑↑↑↑↑10よりも大きな数は無限
ではないが、無限に届きそうである」

と比喩しました。天に届くような摩天楼をskyscraperと呼ぶよう
に、10↑↑↑↑↑↑↑↑↑↑10よりも大きな数をinfinityscraperと呼んで
います。

WAY **4**

グラハム数

(@グラハム)

グラハム数とは、アメリカ人数学者であるロナルド・ルイス・グラハムがラムゼー理論という理論に関する論文を書いた際に使われた数字で、巨大数界隈では非常に有名な巨大数です。

このグラハム数はなんと「**数学の証明に使われた最大の数**」として**ギネスブック**に登録されました（現在は記録が更新されているものの、新しいものはギネスブックに登録されていません）。この数が使われた経緯を理解するには専門的な数学の知識が必要ですが、ここまで読み進めた読者の方に向けて、グラハム数の定義をご紹介したいと思います。

先ほどのページでは $\uparrow$ を n 本連ねた、恐ろしく増加速度が速い関数 $a \uparrow^n b$ を学びました。

グラハム数はこの関数を繰り返し用いて定義されます。

$$g_0 = 4$$

$$g_1 = 3 \underbrace{\uparrow\uparrow\uparrow\uparrow}_{g_0} 3$$

$$g_2 = 3 \underbrace{\uparrow\uparrow\cdots\uparrow\uparrow}_{g_1} 3$$

$$g_3 = 3 \underbrace{\uparrow\uparrow\uparrow\cdots\uparrow\uparrow\uparrow}_{g_2} 3$$

$$g_4 = 3 \underbrace{\uparrow\uparrow\uparrow\uparrow\cdots\uparrow\uparrow\uparrow\uparrow}_{g_3} 3$$

$$\vdots$$

$$g_{m+1} = 3 \underbrace{\uparrow\uparrow\uparrow\uparrow\cdots\uparrow\uparrow\uparrow\uparrow}_{g_m} 3$$

このときのg_{64}がグラハム数です。ギネス登録されているだけあって、矢印表記で書くことすらかなわないあまりの大きさに圧倒されそうになりますね。

グラハムさんはとある未解決問題の解を求めているときに、その解がグラハム数より小さいことを証明しました（解の上限を見積もりました）。

しかし実は2020年現在、グラハム数よりも大きな数はたくさん発見されています。

巨大数という分野は数学全体の長い歴史に比べると、つい最近になって注目され始めた新しい分野です。

巨大数に興味を持たれた方は、世界中の巨大数研究者たちと一緒に、果てしない数の冒険に出かけてみてはいかがでしょうか。

いっくんのコラム

数学で欺(あざむ)け

　データそのものをいじらずとも、見せ方を変えれば印象操作できることがあります。ここでは、数学を使って欺く例を紹介します。

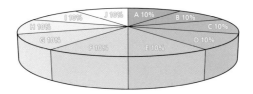

　よく知られていますが、3Dグラフのような立体グラフを斜めから見ることで、手前の方が大きく見えるという印象操作です。

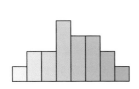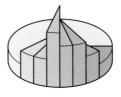

　@1Hassiumさんのご投稿です。「横から見ると棒グラフに見えるが、立体円グラフなので割合が全然違う」というグラフです。見る方向によって変わる例ですね。

　「欺く」方法は他にもたくさんあります。しかし、すべてを載せるには「余白が足りません」。ここまで読んでくださったみなさんは、もう「数学クラスタ」の一員です。ぜひ考えてみてください！

いやはや……とんでもない世界をのぞいてしまいました……。
「無数に解答がある」って、こういうことだったんですね……。

店長

いっくん

そうです！ 数学の面白さを多くの人に知ってほしいと思い、高校一年生から活動を始めました。スマホで、少しずつつぶやいて。

え！ すご！ いまっぽい！
スマホ1つで、数学愛を発信しているなんて！

店長

いっくん

ほめすぎですよ（笑）。

高校で解く数学の問題って基本的に答えは1通りに決まるのですが、それを解く方法は無数にあるんですよね。高校生の僕は「無数の解法」こそが数学の面白さだって気づいたんです。それで数学大喜利をはじめました。

本書で紹介した「数学の問題」には、**「正解」がなかった**と思います。それぞれの「お題」に対して、「解法」が無数に存在している面白さを、お伝えしたかったんです。

店長

もちろん、**本書に紹介された「答え」以外にも、たくさん「答え」がある**ってことですよね！

いつくん

そうです！　たくさん「答え」があるからこそ、**数学は人々の想像力をかきたて、創造力を養うものだ**と思っています。

本書を読んでくださった方は、本書の「お題」について、「自分なりの答え」を考えたり、調べたりしてください。

あなたが正解だと思えば、それは正解です。
（数学的な根拠があれば）

それはクスッと笑えるものや、美しいものかもしれません。

あなただけの答えを見つけてください。

そして、
「決まった正解のない数学」を楽しんでください。

一緒に、数学で世界を盛り上げていきましょう！

［ 謝辞 ］

　数学を愛する会の活動は、2017年に高校生だった僕が1人スマホでつぶやくところからはじまりました。はじめてのころは誰も見向きもしませんでしたが、未熟な僕を支え、一緒に盛り上げてくれる仲間が少しずつ増えていきました。彼らがいてくれたからこそ、数学を愛する会は成長し、書籍の刊行までたどりつくことができました。

　会を創立してから4年間、様々な活動をしてきました。ただ既存の数学トピックを発信するだけでなく、自分の研究をオンラインで発表したり、オリジナルの模試を作って実施したり、センター試験などの解答をどの予備校よりも早く作るチャレンジをしたり、数学夏祭りというイベントを開催したり、数学を用いて大企業のプロモーションを行ったりもしました。そうして数学界隈を盛り上げてきましたが、やはり数学が好きではない人にも興味を持ってもらうというのは非常に難しい課題でした。数学が好きな人も楽しめ、数学から距離のある方も楽しめるコンテンツを考え抜いた結果、数学大喜利にたどりつきました。

　話題性が高く日常的なお題を選ぶことで数学に関わりがない人たちにも数学の話題を届けることに成功しました（もちろん、数学好きに向けたお題も大事にしています）。また、誰でも大喜利に参加できるという点でTwitterの特性に非常にマッチしており、多種多様な方々から思いもよらないアイデアを教えていただくきっかけを作ることができました。僕もお題を出すときに「こういった答えがあるはず」という想定はしているのですが、想像もつかない答えに毎回驚かされ、学ばせてもらっています。

　4年前はTwitterフォロワー0人だった僕が、今や9万人もの方にフォローしていただいており、多くの人に数学の面白さを伝えるというミッションはまだ道半ばながらも順調に進んでいるといえます。しかし、4年間活動して得たもので一番良かったと思えるのは、普通に生活を送っていたら一生出会うことはなかったであろう人たちと出会えたことです。数学を愛する会のメンバーや数学大喜利の参加者はもちろん、本書を手に取ってくださったあなたもです。

　本書を通して「数学って面白い！」と少しでも思っていただけたのなら、著者として幸せです。ここまでお読みくださり、本当にありがとうございました！

　本書の企画にあたって、多くの方にご協力いただきました。アイデアの掲載をご許可くださった方のTwitterアカウント名を、改めてご紹介します。重ねて御礼申し上げます！

@potetoichiro／@tanishi_0／@asunokibou／@Yugemaku／@dannchu／@aburi_roll_cake／@IK27562928／@KaDi_nazo／@StandeeCock／@arith_rose／@con_malinconia／@Natootoki／@pythagoratos／@rusa6111／@828sui／@biophysilogy／@Arrow_Dropout／@sou08437056／@logyytanFFFg／@CHARTMANq／@heliac_arc／@card_board1909／@constant_pi／@apu_yokai／@opus_118_2／@MarimoYoukan03／@yasuyuki2011h／@toku51n／@nekomiyanono／@fukashi_math／@ugo_ugo／@kiri8128／@Keyneqq／@TakatoraOfMath／@sinon4k／@Shousha_11235／@GoogologyBot／@1Hassium

（2021年6月時点・順不同）

　数学大喜利に参加してくださる方々。みなさんが参加してくださるからこそ、大喜利が盛り上がります。入選作以外の投稿も、楽しませていただいております。

　数学を愛する会の投稿を見てくださっている方々。2019年8月に「円を三等分せよ」の選手権結果を投稿したとき、15万件以上のいいねをしていただきました。あれから2年。今も活動できているのは、見守ってくださるみなさんのおかげです。

　数学を愛する会の会員・管理者の仲間たち。仲間がいてくれるからこそ楽しんで活動を続けることができたし、ここまで会を大きくすることができました。本書の企画・制作にあたっても、たくさん相談にのってもらったし、コロナ禍の大学生活を楽しく過ごせているのは、みなさんのおかげです。本当に支えてくれてありがとう。これからもよろしく頼みます。

　最後に、本書の制作にご協力くださった方々。編集者の角田さん、本書の制作のお話を持ち掛けてくださり本当にありがとうございます。怠け癖のある僕が本を出せたのは紛れもなく角田さんの技量があったからです。構成協力の店長さん、僕の拙い文を面白く仕立ててくださってありがとうございます。てきぱき仕事をこなしていてかっこよかったです。素敵でかわいいイラストを作ってくださったSTUDY 優作さん、デザイナーのOCTAVEさん、校正の宮本さん、四月社さん、鷗来堂さん、図版を作ってくださった甲斐さん、組版をしていただいたフォレストさん。
　その他この本に関わったすべての方々にこの場を借りて感謝申し上げます。

　　　　　　　　　　　　　2021年6月　　数学を愛する会　会長　いっくん

数学を愛する会 会長
いっくん
（すうがくをあいするかい かいちょう いっくん）

2001年生まれ。兵庫県神戸市出身。

中学校の友人がお菓子の袋からしょうゆ味が出る確率を黒板の前で楽しそうに語る姿を見て、数学に興味を持つ。その後、高校受験を通して数学の世界に魅了される。数学の面白さを世に広めるべく、2017年、高校1年生のときに数学を愛する会を設立。数学の面白いトピックをTwitterで発信し続けた結果、9万人を超える方にフォローされる。数学と大喜利を掛け合わせた数学選手権が人気を博し、数学を愛する会は日本最大級の数学好き集団となった。

2020年、早稲田大学入学。学生として数学を学びながら、数学夏祭りなどのイベントを開催したり、YouTubeに活動の場を広げたりし、より多くの人に数学の面白さを広めている。

店長
店長
（てんちょう）

1990年、大阪府生まれ。京都大学工学部卒業。

大学受験の息抜きのつもりで始めた大喜利に、どっぷりとのめり込む。出演者として舞台に立つ一方、自身でも西日本最大級の大喜利イベントを主催。「大喜利はお笑いのプロでなくても、誰でも面白くなれる可能性がある」をモットーに、大喜利人口を増やすための活動も積極的に行う。

現在は会社員として働きながら、主催・出演・審査など、大喜利と様々な形で関わり続けている。近年ではおもしろWEBメディア「オモコロ」などを中心に、ライターとしても活動中。

数学クラスタが集まって本気で大喜利してみた

2021年8月16日 初版発行

著者
数学を愛する会 会長 いっくん

構成協力
店長

発行者
青柳 昌行

発行
株式会社KADOKAWA
〒102-8177 東京都千代田区富士見2-13-3
電話 0570-002-301（ナビダイヤル）

印刷所
大日本印刷株式会社

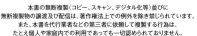

本書の無断複製（コピー、スキャン、デジタル化等）並びに無断複製物の譲渡及び配信は、著作権法上での例外を除き禁じられています。また、本書を代行業者などの第三者に依頼して複製する行為は、たとえ個人や家庭内での利用であっても一切認められておりません。

●お問い合わせ
https://www.kadokawa.co.jp/ （「お問い合わせ」へお進みください）
※内容によっては、お答えできない場合があります。※サポートは日本国内のみとさせていただきます。※Japanese text only

定価はカバーに表示してあります。

©ikkun 2021　Printed in Japan　ISBN 978-4-04-604888-2 C0041